Cuno Hoffmeister

Veränderliche Sterne am Südhimmel

Veröffentlichungen der Sternwarte in Sonneberg · Band 6 · Heft 1

DEUTSCHE AKADEMIE DER WISSENSCHAFTEN ZU BERLIN

Veröffentlichungen der Sternwarte in Sonneberg

Band 6 · Heft 1

CUNO HOFFMEISTER

Veränderliche Sterne am Südhimmel

Mit 42 Tafeln

Akademie-Verlag · Berlin 1963

Erschienen im Akademie-Verlag GmbH, Berlin W 8, Leipziger Straße 3—4

Lizenznummer 202 · 100/493/63
Gesamtherstellung: VEB Druckerei „Thomas Müntzer“ Bad Langensalza
Bestellnummer: 2006/VI/1 · ES 18 D 2 · Preis: DM 18,50

Grundlage vorliegender Veröffentlichung sind die photographischen Aufnahmen südlicher Sternfelder, die ich von April bis Oktober 1959 am Boyden Observatory bei Bloemfontein, Südafrikanische Republik, ausgeführt habe. Als Instrumente dienten:

250 mm-Metcalf-Astrograph ····· 490 Platten
200 mm-Bache-Astrograph······· 314 Platten

Das Öffnungsverhältnis beider Instrumente ist 1:5. Eine geringe Anzahl der Platten des 250 mm-Astrographen diente einer Aufnahme des südlichen Teils der zentralen Milchstraße von Sagittarius bis Canis major und der beiden Magellan-Wolken, alle anderen dem im folgenden dargelegten Plan.

Nachstehend bezeichnete Felder wurden aufgenommen und bearbeitet:

Tabelle 1
Übersicht der Felder

Feld	Galaktische Koordinaten		Anzahl der Platten			Anzahl der Vergleichungen	Anzahl der neuen Veränderlichen
			10″ Astr.	8″ Astr.			
	l_{II}	b_{II}		Anzahl	(Tage)		
β Apodis	313°	−18°	33	32	(7)	15	189
η Arae	329	− 9	32	37	(11)	17	488
β Carinae	285	−14	28	3	(3)	13	134
ε Chamaeleontis	299	−16	35	16	(7)	14	154
α Eridani	126	−59	4	17	(6)	5	22
β Gruis	347	−58	60	26	(5)	12	48
l Hydrae	326	+29	13	—	—	4	73
β Hydri	306	−40	47	13	(4)	18	91
γ Hydri	288	−38	18	23	(5)	10	44
ι Microscopii[1])	358	−39	14	20	(5)	11	88
α Pavonis	340	−36	14	51	(9)	11	105
ε Pavonis	322	−31	38	36	(7)	17	175
ω Pavonis	335	−23	3	—	—	2	34
γ Phoenicis	281	−71	44	16	(6)	16	41
ι Sagittarii[2])	358	−28	28	24	(8)	14	178
η_1 Coronae Austrinae	351	−17	6	—	—	3	111
Grus[3])	351	−52	23	—	—	9	24
τ Librae[4])	341	+22	4	—	—	2	42
τ Scorpii	351	+14	5	—	—	1	42

[1]) Mitte 2° nördlich von ι Mic

[2]) Mitte 1° nördlich von ι Sgr

[3]) Platten mit wechselnder Mitte, aufgenommen für den Kometen 1959 d; Eastman Kodak 103 a—O, 16,4×16,4 cm

[4]) Der Stern ist bei AMBRONN als 3 Hev. Scorpii bezeichnet, gehört jedoch einwandfrei zu Libra, worin andere Autoren übereinstimmen. AMBRONN weist in einer Fußnote auf die Abweichung hin.

Die Gesamtzahl neuer Veränderlicher aus dieser Aktion beträgt 2083. Dabei läßt vorstehende Tabelle erkennen, daß keineswegs die Absicht zugrunde lag, möglichst viele neue Fälle der Veränderlichkeit zu finden. Was man auf Platten von Gegenden niederer galaktischer Breite heute noch erreichen kann, zeigt das Feld η Ara.

Das eigentliche Ziel war vielmehr, die RR Lyrae-Sterne des Galaktischen Halos zu erfassen und daraus die Struktur des Halos zu bestimmen. Hier wird also nur das Rohmaterial vorgelegt. Die eigentliche Untersuchung führt dann über die Entdeckungswahrscheinlichkeiten. Bei der Durchführung der Vergleichungen wurde darauf Bedacht genommen, die Berechnung der Entdeckungswahrscheinlichkeiten zu ermöglichen, d. h., es wurden auch die Wiederfunde angemerkt und die Anzahl der Vergleichungen so weit erhöht, wie das Plattenmaterial es hergab. Man kann wohl sagen, daß dieses Material so weit ausgeschöpft ist, daß weitere Versuche damit unrationell wären. Diesen Bestrebungen kam entgegen, daß die Platten in ihrer Mehrzahl gut vergleichbar sind infolge des gleichförmigen Luftzustandes hinsichtlich Ruhe und Durchsichtigkeit.

Die eigentliche Grundlage bildeten selbstverständlich die am 250 mm-Astrographen gewonnenen Platten, die mit dem Format 20 × 20 cm ein Feld von 9°.3 Seitenlänge darstellen, wobei die Sterne wegen der ausgezeichneten Qualität des Objektivs auch am Rande nur geringe Verzeichnung aufweisen. Die Belichtungszeit war mit sehr wenigen Ausnahmen 60 Minuten, die Plattensorte Agfa Astro Spezial. Als Grenzgröße habe ich auf einer guten Platte durch Sternzählungen nach den Tafeln von Van Rhijn (Groningen Publ. 43) $17^{m}.1$ bestimmt.

Die optische Qualität des 200 mm-Astrographen ist viel geringer. Das Instrument wurde nur zu Reihenaufnahmen, bis zu 8 Platten in 1 Nacht, benutzt, um Unterlagen für Periodenbestimmungen von RR Lyrae-Sternen zu schaffen. Auch von diesen Platten wurde eine Anzahl von Paaren verglichen.

Die Vergleichung geschah mittels des Zeiss-Komparators nach der Stereo-Methode. Statt der dem Instrument beigegebenen Okulare wurden solche von 20 mm Brennweite benutzt. Die dabei erzielte Vergrößerung entsprach am besten den Anforderungen.

Die geplante Arbeit muß sich selbstverständlich in der Hauptsache auf die 12 Felder mit mindestens 10 verglichenen Plattenpaaren stützen. Zwei weitere Felder, l Hya und ω Pav, sind ungenügend beobachtet, weil mich die Ungunst des Wetters in der Zeit von Mitte April bis Mitte Juli und eine in diese Zeit fallende schwere Krankheit zu einer Einschränkung des Programms zwangen. Das ebenfalls unzureichend beobachtete Feld α Eri kam erst gegen das Ende unseres Aufenthalts hinzu. Für 4 weitere Felder lagen jeweils einige Platten vor, die auch ausgewertet sind. Jedoch tragen diese Vergleichungen nicht den systematischen Charakter der anderen; auch war es in der Regel nicht möglich, den Typus der bemerkten Veränderlichen zu bestimmen.

In der Liste für das Feld γ Hyi sind einige Veränderliche enthalten, die dem Außenbereich der SMC angehören. Ich habe nicht im einzelnen festgestellt, ob diese Objekte durch die speziellen Arbeiten anderer Autoren bereits erfaßt sind, habe jedoch nur solche Fälle berücksichtigt, die eigentlich in der üblichen oder einer angepaßten Weise benannt werden sollten, zumal dies für eine Anzahl älterer Veränderlicher, z. B. Z bis TX Tuc, bereits früher geschehen ist. Angeführt habe ich aber auf jeden Fall RR Lyrae-Sterne, da man annehmen muß, daß solche in dem erfaßten Helligkeitsbereich Vordergrundsterne sind. Insgesamt handelt es sich nur um wenige Fälle. Man findet den Hinweis auf die Beziehung zur SMC jeweils in den Bemerkungen.

Im Kugelhaufen M 4 = NGC 6121 (Feld τ Lib) bemerkte ich einige Veränderliche, die schon anderweitig bekannt waren: es sind die Nummern 10, 12, 14, 16, 26, 27 der Liste von H. B. SAWYER (HC 366, 1931) und Nr. 35 der Liste von DE SITTER-OOSTERHOFF (BAN 10 No. 385, 1947). Für 5 dieser Objekte habe ich Örter bestimmt wie folgt:

Tabelle 2

1875.0			
$16^h15^m29^s$	—26°12'.4	14^m — 15^m	kurzperiodisch
16 15 51	—26 18.0	14 — 15.5	kurzperiodisch
16 15 51	—26 17.6	14 — 15	kurzperiodisch
16 15 51	—26 11.5	14 — 15	kurzperiodisch
16 16 1	—26 15.1	14 — 14.5	kurzperiodisch

Dem Bereich des Kugelhaufens M 4 gehört auch der unabhängig wiedergefundene Stern Ross 372 an.

Zum Hauptteil dieser Arbeit, den Verzeichnissen neuer Veränderlicher in den 19 Feldern der Tabelle 1, seien einige Erläuterungen gegeben. Die Örter für 1875.0 sind nach der Johannesburger Karte bestimmt, deren Gradnetz sehr zuverlässig ist. Ein Nachteil ist die geringe Reichweite der Karte. Daher mußten die schwächeren Veränderlichen mit Bleistift eingetragen werden, wodurch im allgemeinen nur eine geringe Unsicherheit entstanden sein kann. In der Spalte „Art" bedeutet ein Fragezeichen, daß der Fall für nicht ganz sicher anzusehen und vor der Benennung eine Bestätigung abzuwarten ist. Die Bemerkungen folgen jeweils den Felderlisten.

Hier werden zunächst noch einige andere Zusammenstellungen, nebenbei angefallenes Material enthaltend, gegeben, an erster Stelle ein Verzeichnis von Veränderlichen, für die, größtenteils erstmalig, Umgebungskärtchen gezeichnet sind, und zwar im ersten Teil benannte Veränderliche, darauffolgend unbenannte Objekte, deren hier mitgeteilte unabhängige Wiederauffindung als Bestätigung anzusehen ist (Tabelle 3, Tafeln 41 und 42). Als Ergänzung dient Tabelle 4, enthaltend diejenigen benannten Veränderlichen, die zufällig auf Kärtchen des Hauptteils enthalten sind. Es folgt ein weiteres Verzeichnis unbenannter Sterne, für die keine Kärtchen gezeichnet sind, jedoch Örter nach der Johannesburger Karte bestimmt wurden auf Grund der unabhängigen Wiederauffindung und Identifizierung (Tabelle 5), und endlich eine Liste unbenannter Sterne, bei denen nur die Tatsache der unabhängigen Wiederentdeckung und damit der Bestätigung der Veränderlichkeit registriert ist (Tabelle 6).

Tabelle 3

Ältere benannte und unbenannte Veränderliche, für die zusätzlich Kärtchen gezeichnet, Örter und Art bestimmt sind

*	α 1875.0	δ	Größen		Art
	A. Benannte Veränderliche, nach Sternbildern geordnet				
VZ Aps	$16^h\ 1^m21^s$	—73°42'.9	$13^m.5$	[$16^m.5$	Mira
X Cha	10 37 52	—80 7.5	15	17	langperiodisch
RU Hya	14 4 22	—28 17.6	14	14.5	langs. veränderl.
FU Hya	14 31 6	—29 10.8	12	13	langs. veränderl.
V Hyi	0 24 9	—81 36.8	14	15	RR Lyrae
VV Hyi	3 59 44	—73 32.4	14.5	15.5	RR Lyrae

*	α 1875.0	δ	Größen		Art
W Mic	$21^h14^m58^s$	$-42°29'.8$	15^m	16^m	langs. veränderl. ?
RW Mic	20 38 4	—42 51.6	11	15	Mira
RS Mus	12 16 1	—74 48.6	12.5	13	langs. veränderl.
EZ Nor	16 17 16	—59 48.8	16	17.5	langs. veränderl.
RZ Phe	1 4 32	—57 14.6	14	15	RR Lyrae
V 1166 Sgr	19 35 7	—36 43.4	13.5	[16	Mira
BB TrA	16 5 58	—60 26.6	15.5	[17	langperiodisch
BH TrA	16 8 15	—61 3.9	14.5	15.5	mittell. Periode
AL Tuc	1 6 47	—74 31.3	14	15	δ Cephei
B. Unbenannte Veränderliche, nach Nummern geordnet					
63.1914 Sco	15 50 22	—28 59.0	14.5	15	—
19.1932 Cha	11 8 40	—78 14.0	13	[17	Mira
20.1932 Cha	11 9 56	—76 13.6	13	[17	Mira
106.1932 Aps	16 21 44	—74 52.2	13.5	[17	Mira
107.1932 Aps	16 38 10	—74 57.8	13.5	[17	Mira
108.1932 Aps	16 43 3	—74 49.5	12.5	[17	Mira
110.1932 Aps	17 22 10	—80 10.9	12	15.5	Mira
111.1932 Aps	17 33 42	—76 48.3	13	17.5	Mira
118.1933 Vol	8 28 11	—65 41.5	14.5	[16	Mira
145.1933 Cha	11 0 40	—81 13.4	12	[16.5	Mira
148.1933 Cha	11 7 40	—75 39.6	13	15	raschwechselnd
150.1933 Cha	11 15 18	—75 47.6	14	[17	Mira
165.1933 Mus	11 57 11	—73 46.5	13.5	14	langs. veränderl.
170.1933 Cha	12 5 9	—76 19.2	14	[17	Mira
171.1933 Cha	12 9 9	—80 4.1	13	16.5	langperiodisch
174.1933 Mus	12 9 59	—74 56.4	14.5	16.5	unregelm.
177.1933 Cha	12 11 53	—81 22.2	14	16	langperiodisch
180.1933 Mus	12 13 38	—74 51.7	14	16	langs. veränderl.
186.1933 Cha	12 27 14	—78 30.2	13.5	16.5	langperiodisch
191.1933 Cha	12 30 53	—79 51.7	14.5	[17	langs. veränderl.
196.1933 Mus	12 39 13	—73 21.9	15	[16.5	Mira
199.1933 Mus	12 50 0	—73 36.5	13	[16.5	Mira
204.1933 Mus	13 0 52	—74 51.5	14	[16.5	Mira
215.1933 Cha	13 16 32	—79 47.4	13.5	[17	Mira
259.1933 Aps	15 7 1	—78 39.2	12	16.5	Mira
271.1933 Aps	15 34 28	—73 4.5	15	[16.5	Mira
289.1933 Aps	16 21 18	—78 55.3	14	17	langperiodisch
329.1933 Mic	20 22 46	—40 14.5	12.5	13.5	langs. veränderl.
122.1934 Car	9 53 12	—67 34.1	14.5	17	RW Aur
130.1934 Cha	10 45 30	—78 48.2	13	15.5	RW Aur Anm. 1
133.1934 Car	10 56 21	—74 58.0	13.5	16	langperiodisch
448.1935 Ara	16 34 8	—55 23.6	15	[17	langperiod. Anm. 2
499.1935 Ara	17 3 49	—58 36.8	14	16.5	Algol Anm. 3
596.1935 Sgr	20 9 22	—42 2.5	15	16.5	langs. veränderl.
602.1935 Sgr	20 15 50	—41 15.9	14	15	RR Lyrae
967.1935 Sgr	19 59 4	—42 53.0	13.5	15.5	langs. veränderl.
248.1937 Ara	17 12 32	—59 53.6	14.5	15	Algol

Anm. 1: auf Kärtchen S 6315 Tafel 17
Anm. 2: auf Kärtchen S 5867 Tafel 8
Anm. 3: auf Kärtchen S 6114 Tafel 13

*		α 1875.0	δ	Größen		Art
HV 182	Sgr	$19^h38^m55^s$	$-41°29'.0$	10^m	$10^m.5$	langs. veränderl.
HV 6324	Hyi	0 9 35	−77 19.6	12.5	14	Algol
HV 6328	Hyi	0 15 23	−76 28.9	13	13.5	kurzperiodisch
HV 12315	Cen	14 9 21	−31 41.7	12.5	13.5	RR Lyrae
S 4949	Cha	11 29 18	−77 3.4	9	9.5	Algol
S 4996	Cen	14 33 9	−31 27.7	12	12.5	kurzperiodisch

Tabelle 4

Benannte Veränderliche auf Kärtchen des Hauptteils

CY Nor auf Kärtchen S 5689 Tafel 5
CC TrA auf Kärtchen S 5725 Tafel 5
X Ara auf Kärtchen S 5809 Tafel 7
QX Ara auf Kärtchen S 5818 Tafel 7
BX Ara auf Kärtchen S 5914 Tafel 9
CH Ara auf Kärtchen S 6062 Tafel 12
CX Ara auf Kärtchen S 6116 Tafel 13
GX Tel auf Kärtchen S 6861 Tafel 28

Tabelle 5

Örter unbenannter Veränderlicher, nach Nummern geordnet

*	α 1875.0	δ	
219.1904	$16^h17^m49^s$	$-24°12'.5$	Ampl. 14^m — 15^m Anm. 1
318.1933	18 7 51	−62 55.0	kurzperiodisch
320.1933	18 17 39	−62 51.1	
325.1933	18 32 42	−64 37.0	
502.1933	16 52 14	−60 51.9	
504.1933	16 53 20	−61 10.0	RR Lyr
431.1935	16 26 1	−30 23.3	
437.1935	16 29 29	−57 50.4	RR Lyr
483.1935	16 56 1	−58 20.4	
578.1935	18 40 26	−40 33.4	
584.1935	19 5 38	−47 48.1	
585.1935	19 6 0	−58 30.0	
774.1935	16 11 6	−54 59.5	
784.1935	16 21 51	−56 38.2	15^m — [17^m langp. Anm. 2
785.1935	16 21 51	−59 35.1	
788.1935	16 27 42	−59 23.5	
789.1935	16 28 17	−56 34.4	
791.1935	16 33 33	−57 36.5	
929.1935	18 26 4	−45 27.3	
936.1935	18 37 7	−43 25.8	
937.1935	18 38 50	−41 11.4	
941.1935	18 40 37	−44 12.2	
942.1935	18 40 42	−44 49.4	
944.1935	18 42 47	−44 51.6	
878.1936	15 37 23	−27 40.5	
35.1937	15 42 23	−30 50.8	
235.1937	17 8 1	−57 37.8	

Anm. 1. Nach Entdeckungsanzeige $12^m.5$—$12^m.9$

Anm. 2. Max. ∼ 2436785; Stern 16^m dicht vorausgehend

Tabelle 6

Unabhängig wiedergefundene unbenannte Veränderliche

118.1907	501.1933	775.1935	S 4792
116.1910	506.1933	787.1935	S 4797
18.1932	507.1933	233.1937	S 4906
26.1932	517.1933	237.1937	S 4991
32.1932	439.1935	245.1937	S 4996
122.1932	449.1935	248.1937	S 5028
125.1932	451.1935	252.1937	S 5029
132.1932	454.1935	HV 6315	S 5033
134.1932	463.1935	HV 6339	S 5046
136.1932	465.1935	HV 6707	S 5103
125.1933	468.1935	HV 6851	S 5111
132.1933	469.1935	HV 6852	S 5131
135.1933	472.1935	HV 6929	S 5139
410.1933	475.1935	HV 7673	S 5143
414.9133	477.1935	HV 9866	S 5156
458.1933	478.1935	HV 10087	S 5343
489.1933	480.1935	HV 11586	S 5354
495.1933	487.1935	HV 11906	S 5359
496.1933	488.1935	HV 11938	S 5371
497.1933	491.1935	HV 11946	S 5373
		HV 11956	S 5379

Bemerkungen über 2 weitere Sterne:

LQ Ara. Am Ort steht auf allen Platten von 1959 ein Stern 11^m, der zeitweilig einen mäßig raschen Lichtwechsel von etwa $0^m.5$ zeigt. Er ist einwandfrei von einer Nebelhülle umgeben.

FZ Nor. Max. 243 6778. Verbesserte Formel M = 242 3992 + 272 · E.

Die Vorlagen für die 42 Tafeln der Kärtchen hat Frl. Herta Gessner mit gewohnter Sorgfalt hergestellt nach den von mir angefertigten Bleistiftzeichnungen in den Entdeckungsbüchern.

C. Hoffmeister

Feld β Aps

Bezeichnung	1875.0	1875.0	Größen	Art	Bem.
S 5493 Aps	$14^h 36^m 4^s$	$-79° 9'.4$	$12^m.5$ $13^m.5$	RR Lyrae	
S 5494 Aps	14 45 22	—78 15.9	13 14	langsam ver.	
S 5495 Aps	14 54 7	—77 53.8	13 14	RR Lyrae	
S 5496 Aps	14 57 7	—79 3.4	14 14.5	Bedeckungsstern	1
S 5497 Aps	15 0 37	—78 44.2	14.5 17	raschwechselnd	2
S 5498 Aps	15 1 8	—77 28.2	14 14.5	Algol	
S 5499 Aps	15 2 30	—77 8.8	15 15.5	RR Lyrae	3
S 5500 Aps	15 2 46	—78 51.1	14 14.5	langsam ver.	
S 5501 Aps	15 3 4	—78 12.9	13.5 14.5	RR Lyrae	
S 5502 Aps	15 6 24	—78 22.6	15 16	langsam ver.	
S 5503 Aps	15 9 55	—78 4.0	13.5 14.5	RR Lyrae	
S 5504 Aps	15 10 58	—76 36.9	15 16	RR Lyrae	
S 5505 Aps	15 14 37	—77 54.5	14 14.5	Algol	
S 5506 Aps	15 14 38	—76 32.0	15.5 16	kurzperiodisch	4
S 5507 Aps	15 15 34	—75 18.5	14.5 [16.5	U Geminorum	5

Bezeichnung	1875.0	1875.0	Größen		Art	Bem.
S 5508 Aps	$15^h16^m36^s$	—79° 55′.1	15^m	16^m	RR Lyrae	
S 5509 Aps	15 18 32	—77 9.4	15.5	16.5	langsam ver.	
S 5510 Aps	15 19 34	—77 48.5	15.5	16	kurzperiodisch	6
S 5511 Aps	15 21 33	—74 38.8	16	17	RR Lyrae	
S 5512 Aps	15 21 50	—73 57.7	13	14	RR Lyrae	
S 5513 Aps	15 22 41	—75 19.5	13.5	14.5	Algol	7
S 5514 Aps	15 24 37	—76 9.3	13.5	14	langsam ver.	
S 5515 Aps	15 25 28	—72 15.1	14.5	15	kurzperiodisch	8
S 5516 Aps	15 25 37	—73 56.9	15	16	RR Lyrae	
S 5517 Aps	15 25 42	—72 45.4	13.5	15.5	langsam ver.	9
S 5518 Aps	15 26 4	—76 14.6	13	13.5	langsam ver.	
S 5519 Aps	15 27 11	—79 54.8	15	15.5	raschwechselnd	10
S 5520 Aps	15 27 12	—73 33.1	12.5	13.5	Algol	
S 5521 Aps	15 28 48	—75 50.8	15.5	[16.5	Algol	
S 5522 Aps	15 28 58	—72 39.2	14.5	[16.5	Mira	
S 5523 Aps	15 30 28	—73 31.0	14.5	15.5	kurzperiodisch	11
S 5524 Aps	15 30 35	—73 16.7	14	14.5	halbregelmäßig	12
S 5525 Aps	15 30 52	—72 0.8	13.5	15	RR Lyrae	
S 5526 Aps	15 32 12	—79 47.1	14	15	langsam ver.	
S 5527 Aps	15 32 46	—73 3.3	14	14.5	Algol	
S 5528 Aps	15 33 12	—77 20.9	14	14.5	RR Lyrae	
S 5529 Aps	15 33 25	—76 3.5	14	15	RR Lyrae	
S 5530 Aps	15 33 46	—74 41.2	14.5	15	Bedeckungsstern ?	13
S 5531 Aps	15 34 16	—74 7.2	14.5	15.5	Algol	
S 5532 Aps	15 37 21	—73 4.8	14.5	15	kurzperiodisch	14
S 5533 Aps	15 38 48	—75 43.5	15	15.5	langsam ver.	
S 5534 Aps	15 40 29	—73 20.0	14.5	15.5	kurzperiodisch ?	15
S 5535 Aps	15 40 34	—73 20.0	15	16.5	RR Lyrae	
S 5536 Aps	15 41 9	—77 16.2	13	14	Algol	
S 5537 Aps	15 41 22	—77 29.7	13.5	14.5	RR Lyrae	
S 5538 Aps	15 41 36	—74 20.2	15.5	16.5	RR Lyrae	
S 5539 Aps	15 43 11	—76 7.5	13.5	14.5	RR Lyrae	
S 5540 Aps	15 44 4	—74 25.8	15	15.5	Bedeckungsstern	
S 5541 Aps	15 44 6	—73 10.6	14	15	Algol	16
S 5542 Aps	15 45 53	—73 25.7	14	14.5	langsam ver.	17
S 5543 Aps	15 47 2	—79 13.3	14.5	[17	Mira	18
S 5544 Aps	15 47 52	—80 41.2	14	15	RR Lyrae	
S 5545 Aps	15 48 19	—79 28.3	13	13.5	raschwechselnd	19
S 5546 Aps	15 49 5	—73 25.4	13	13.5	langsam ver.	20
S 5547 Aps	15 51 32	—78 12.4	14.5	15	RR Lyrae	
S 5548 Aps	15 51 55	—76 29.7	11	14.5	Algol	
S 5549 Aps	15 53 48	—74 41.7	15	[16	langperiodisch	
S 5550 Aps	15 53 48	—73 31.7	13	13.5	langsam ver.	
S 5551 Aps	15 54 35	—73 54.0	14.5	15.5	RR Lyrae	
S 5552 Aps	15 55 18	—76 31.9	13.5	14	kurzperiodisch	21
S 5553 Aps	15 55 34	—81 11.9	14.5	15	kurzperiodisch	22
S 5554 Aps	15 56 44	—75 43.5	15	16	RR Lyrae	
S 5555 Aps	15 57 37	—78 24.2	15.5	16	RR Lyrae	
S 5556 Aps	15 57 40	—80 38.6	16	17	langsam ver.	23
S 5557 Aps	15 58 40	—73 6.0	13.5	[16	langperiodisch	24
S 5558 Aps	15 59 1	—73 26.3	16	16.5	langsam ver.	

Bezeichnung	1875.0	1875.0	Größen		Art	Bem.
S 5559 Aps	$16^h\ 0^m\ 2^s$	$-73°30'.7$	15^m	$15^m.5$	raschwechselnd	25
S 5560 Aps	16 0 35	—73 34.8	15.5	16	langsam ver.	
S 5561 Aps	16 1 4	—78 35.8	16	16.5	kurzperiodisch	26
S 5562 Aps	16 1 56	—75 10.4	15	15.5	Bedeckungsstern	
S 5563 Aps	16 3 7	—73 53.4	15	16	RR Lyrae	
S 5564 Aps	16 3 39	—73 17.1	12	12.5	unregelmäßig	27
S 5565 Aps	16 3 41	—72 17.7	13	14	Algol	
S 5566 Aps	16 3 59	—76 42.8	13.5	14.5	RR Lyrae	
S 5567 Aps	16 4 46	—80 52.2	14	15	RR Lyrae	
S 5568 Aps	16 5 43	—78 56.2	14	14.5	langsam ver.	28
S 5569 Aps	16 6 12	—77 16.4	16	17	RR Lyrae	
S 5570 Aps	16 7 7	—80 49.1	15.5	16.5	RR Lyrae	
S 5571 Aps	16 7 29	—73 42.0	14	[17	Mira	29
S 5572 Aps	16 7 42	—79 39.7	13	13.5	Algol	
S 5573 Aps	16 8 10	—74 5.3	14.5	15	langsam ver.	
S 5574 Aps	16 8 57	—75 0.4	15.5	16	Bedeckungsstern	
S 5575 Aps	16 9 0	—73 58.3	14	15	RR Lyrae	
S 5576 Aps	16 10 13	—75 41.0	15	16	RR Lyrae	
S 5577 Aps	16 10 24	—73 19.2	11	11.5	langsam ver.	30
S 5578 Aps	16 10 29	—75 54.2	14.5	15	langsam ver.	31
S 5579 Aps	16 10 53	—77 8.2	15	17	langsam ver.	32
S 5580 Aps	16 10 57	—79 33.8	13.5	16.5	Mira	33
S 5581 Aps	16 11 6	—75 0.5	15	[17	Mira	34
S 5582 Aps	16 12 6	—74 33.0	11.5	12	kurzperiodisch	35
S 5583 Aps	16 13 8	—72 34.6	13	14	langsam ver.	
S 5584 Aps	16 13 10	—76 11.0	13.5	14.5	langsam ver.	36
S 5585 Aps	16 13 43	—80 29.1	10.5	11.5	Algol	37
S 5586 Aps	16 16 35	—76 0.6	14.5	15	kurzperiodisch	38
S 5587 Aps	16 17 45	—76 5.0	16	17.5	kurzperiodisch	39
S 5588 Aps	16 19 54	—74 17.2	12.5	13	Bedeckungsstern	
S 5589 Aps	16 20 50	—78 26.6	16	17	kurzperiodisch	40
S 5590 Aps	16 21 11	—77 29.4	15	16	Bedeckungsstern	
S 5591 Aps	16 21 38	—80 40.7	14	15	RR Lyrae	
S 5592 Aps	16 21 51	—72 50.8	14.5	15	langsam ver.	41
S 5593 Aps	16 23 23	—80 17.7	15	16	RR Lyrae	
S 5594 Aps	16 25 16	—76 36.4	14	14.5	kurzperiodisch	42
S 5595 Aps	16 25 30	—76 59.5	14	14.5	Bedeckungsstern	43
S 5596 Aps	16 26 38	—73 57.8	13.5	14.5	RR Lyrae	
S 5597 Aps	16 26 56	—74 20.7	15	16	RR Lyrae	
S 5598 Aps	16 27 32	—77 41.0	15.5	16.5	RR Lyrae	
S 5599 Aps	16 28 3	—75 48.2	15	15.5	Algol	44
S 5600 Aps	16 28 40	—77 0.5	14.5	15	Bedeckungsstern	45
S 5601 Aps	16 29 10	—78 40.6	11	12	mittellange Periode?	46
S 5602 Aps	16 31 22	—80 41.9	15	15.5	kurzperiodisch	47
S 5603 Aps	16 32 28	—81 36.6	15	16	RR Lyrae	48
S 5604 Aps	16 33 13	—75 22.5	16	17	RR Lyrae	
S 5605 Aps	16 33 19	—79 11.4	15	15.5	Bedeckungsstern?	
S 5606 Aps	16 33 53	—80 54.9	16	16.5	kurzperiodisch?	49
S 5607 Aps	16 35 24	—75 43.9	12	12.5	unregelmäßig	50
S 5608 Aps	16 36 6	—80 55.2	14	15	Algol	
S 5609 Aps	16 37 21	—79 47.0	16	17	RR Lyrae	

Bezeichnung	1875.0	1875.0	Größen		Art	Bem.
S 5610 Aps	$16^h37^m36^s$	$-77°47'.5$	15^m	$15^m.5$	langsam ver.	
S 5611 Aps	16 38 10	—81 8.6	14	15	RR Lyrae	
S 5612 Aps	16 38 37	—73 49.9	14.5	15	kurzperiodisch	51
S 5613 Aps	16 40 49	—80 30.6	16	[17.5	langperiodisch	
S 5614 Aps	16 40 55	—73 55.3	14	15.5	unregelmäßig ?	52
S 5615 Aps	16 41 3	—80 28.4	13.5	14.5	RR Lyrae	
S 5616 Aps	16 43 42	—75 43.8	15.5	16	kurzperiodisch	53
S 5617 Aps	16 44 12	—75 44.8	14.5	15.5	RR Lyrae	
S 5618 Aps	16 44 53	—79 26.7	15.5	17	RR Lyrae	
S 5619 Aps	16 45 35	—76 22.4	14.5	15.5	Algol	
S 5620 Aps	16 47 4	—75 41.1	13.5	[17	Mira	
S 5621 Aps	16 47 50	—74 25.4	13.5	14	RR Lyrae	
S 5622 Aps	16 47 53	—73 37.8	14	14.5	langsam ver.	54
S 5623 Aps	16 50 26	—75 59.0	15	15.5	RR Lyrae	
S 5624 Aps	16 50 32	—75 40.0	11	11.5	langsam ver.	55
S 5625 Aps	16 51 25	—74 29.5	16	16.5	langsam ver.	
S 5626 Aps	16 51 28	—74 0.5	14.5	15	Bedeckungsstern	
S 5627 Aps	16 51 32	—78 16.0	15	15.5	RR Lyrae	56
S 5628 Aps	16 51 46	—75 17.5	15.5	16	RR Lyrae	57
S 5629 Aps	16 53 45	—78 8.7	16	17	raschwechselnd	58
S 5630 Aps	16 53 52	—81 33.4	15	16	RR Lyrae	
S 5631 Aps	16 54 27	—73 15.6	13	14	RR Lyrae	
S 5632 Aps	16 54 58	—73 15.8	14	14.5	langsam ver.	
S 5633 Aps	16 55 16	—74 19.9	14	14.5	langsam ver.	
S 5634 Aps	16 56 23	—79 0.4	15.5	16.5	RR Lyrae	
S 5635 Aps	16 57 14	—73 58.0	13.5	14	langsam ver.	59
S 5636 Aps	16 57 44	—78 27.5	16	17	unregelmäßig	60
S 5637 Aps	16 58 34	—80 51.4	14	15.5	langperiodisch	
S 5638 Aps	16 59 10	—73 21.0	14	15	Algol	61
S 5639 Aps	16 59 13	—75 20.3	16	16.5	kurzperiodisch ?	62
S 5640 Aps	16 59 30	—73 34.6	14.5	16	RR Lyrae	63
S 5641 Aps	17 0 10	—76 12.7	14.5	15	Bedeckungsstern	
S 5642 Aps	17 1 42	—74 18.3	15.5	16.5	RR Lyrae	
S 5643 Aps	17 2 12	—79 23.6	14	14.5	kurzperiodisch	64
S 5644 Aps	17 2 22	—80 28.4	14	15	RR Lyrae	
S 5645 Aps	17 2 22	—76 17.6	16	17	RR Lyrae	
S 5646 Aps	17 6 6	—75 1.9	15.5	[17	U Geminorum	65
S 5647 Aps	17 6 8	—78 15.8	11	12	Algol	66
S 5648 Aps	17 6 16	—77 31.1	16	16.5	kurzperiodisch ?	67
S 5649 Aps	17 7 46	—80 40.9	14	[16.5	langperiodisch	
S 5650 Aps	17 9 28	—76 31.7	14.5	[17	langperiodisch	
S 5651 Aps	17 11 20	—76 47.8	15.5	16.5	kurzperiodisch	68
S 5652 Aps	17 11 36	—77 25.8	14.5	15	RR Lyrae	69
S 5653 Aps	17 12 12	—80 42.6	15	16	RR Lyrae	
S 5654 Aps	17 12 23	—73 56.3	15	[16.5	langperiodisch	
S 5655 Aps	17 13 32	—80 33.0	15.5	16	Bedeckungsstern ?	70
S 5656 Aps	17 13 33	—73 4.6	14.5	15.5	RR Lyrae	
S 5657 Aps	17 14 27	—79 13.1	15.5	16.5	RR Lyrae	
S 5658 Aps	17 14 59	—74 31.7	13	14	Algol	
S 5659 Aps	17 15 33	—73 28.4	15	15.5	Algol ?	71
S 5660 Aps	17 15 53	—75 51.5	15	16	RR Lyrae	

Bezeichnung	1875.0	1875.0	Größen		Art	Bem.
S 5661 Aps	$17^h18^m12^s$	$-76°47'.8$	16^m	17^m	kurzperiodisch	72
S 5662 Aps	17 18 43	—74 58.7	15	16	RR Lyrae	
S 5663 Aps	17 18 51	—74 36.1	15.5	17	RR Lyrae	
S 5664 Aps	17 20 26	—74 21.7	15	16	langsam ver.	73
S 5665 Aps	17 20 58	—74 11.8	15	16	kurzperiodisch	74
S 5666 Aps	17 21 40	—75 2.0	14	14.5	unregelmäßig	75
S 5667 Aps	17 22 4	—74 22.6	13	[16.5	Mira	
S 5668 Aps	17 22 39	—79 2.0	16	17	RR Lyrae	
S 5669 Aps	17 23 52	—77 42.3	14	15	langsam ver.	
S 5670 Aps	17 24 0	—78 24.3	13.5	14	kurzperiodisch	76
S 5671 Aps	17 25 36	—80 0.8	14	15	Algol	
S 5672 Aps	17 26 28	—76 10.1	13.5	14.5	RR Lyrae	
S 5673 Aps	17 26 37	—74 19.3	15.5	16	kurzperiodisch	77
S 5674 Aps	17 28 14	—74 15.2	12	12.5	Algol	78
S 5675 Aps	17 28 21	—74 47.8	13.5	14	RR Lyrae	
S 5676 Aps	17 28 46	—77 33.5	11	11.5	kurzperiodisch	79
S 5677 Aps	17 32 50	—77 37.9	13	14	RR Lyrae	
S 5678 Aps	17 36 0	—76 35.4	14	15	langsam ver.	
S 5679 Aps	17 54 5	—79 5.7	15	16.5	kurzperiodisch	80
S 5680 Aps	17 55 6	—78 41.4	14	15	RR Lyrae	
S 5681 Aps	17 57 58	—79 32.0	14.5	15.5	RR Lyrae	

Bemerkungen: 1. Raschwechselnd. — 2. Wahrscheinlich RW Aurigae-Stern; für RR Lyrae-Art ist die Amplitude zu groß. — 3. Kleine Amplitude. — 4. RR Lyrae-Art? — 5. Maxima 1959 Mai 31 u. Aug. 30—31. — 6. Wahrscheinlich raschwechselnder Bedeckungsstern. — 7. Minima selten. — 8. RR Lyrae-Art? — 9. Wahrscheinlich langperiodisch. — 10. Kleine Amplitude erschwert die Beurteilung. Die Bevorzugung mittlerer Helligkeiten scheint für regellosen Lichtwechsel zu sprechen. — 11. Wahrscheinlich RR Lyrae, der angedeutete Wert P $\sim 25^d$ dürfte eine Scheinperiode sein. — 12. Anscheinend mittellange Periode. — 13. Schwierig wegen kleiner Amplitude. — 14. Wahrscheinlich raschwechselnder Bedeckungsstern. — 15. Nur dieses eine Max. beobachtet, keine benachbarten Platten. Wahrscheinlich RR Lyrae-Art. Periode vermutlich sehr nahe bei $0^d.5$. — 16. Minima selten. — 17. Kleine Amplitude. — 18. Im August 1959 ein Aufstieg. — 19. Zunächst wurde δ Cephei-Art angenommen, doch zeigt der Stern zeitweilig raschen Lichtwechsel. Vermutlich handelt es sich um einen RWs-Stern. RR Lyrae-Art dürfte ausgeschlossen sein. — 20. Von Mai bis August 1959 schwach. — 21. Kleine Amplitude, wahrscheinlich Bedeckungsstern. — 22. Bedeckungsstern? — 23. Wahrscheinlich ein Veränderlicher geringer Leuchtkraft, UV Boo-Typus. — 24. Auf Joh. Karten —76° No. 32 und 36 unsichtbar. — 25. Auf der Mehrzahl der Platten hell, vielleicht RW Aurigae-ähnlich. — 26. Wahrscheinlich raschwechselnder Bedeckungsstern. — 27. Lichtwechsel anscheinend manchmal nicht langsam. — 28. Vielleicht mittellange Periode. — 29. P etwa 140^d, Maxima im April und Sept. 1959. — 30. CoD —73°1203 ($9^m.4$), CPD —73°1723 ($9^m.5$). — 31. Kleine Amplitude. — 32. Wahrscheinlich langperiodisch; vermutlich identisch mit LUYTENs Stern 285.1933, jedoch $0^m.8$ Unterschied in α. — 33. Maximum etwa 2436730. — 34. Im Mai 1959 im Abstieg. — 35. Sehr wahrscheinlich raschwechselnder β Lyrae-Stern. — 36. Mittellange Periode? — 37. Wenige Minima. — 38. Häufiger hell oder in mittlerer Größe als schwach, daher wahrscheinlich raschwechselnder β Lyrae-Stern. — 39. Wahrscheinlich RR Lyrae-Stern. — 40. Wahrscheinlich RR Lyrae-Art; sf Glied eines engen Paares. — 41. Nicht auf allen Platten, randnah. — 42. Wahrscheinlich RR Lyrae-Art. — 43. Kleine Amplitude. — 44. Nur ein Minimum auf 32 Platten, scheint aber ganz sicher. — 45. Sehr kleine Amplitude. — 46. Art unsicher. — 47. Wahrscheinlich Bedeckungsstern. — 48. Der Stern steht vor einem kleinen Nebel, der seiner Form nach als extragalaktisch angesehen werden darf. — 49. Wahrscheinlich Bedeckungsstern; schwierig. — 50. Auf der Mehrzahl der Platten hell; die Schwächungen dauern jeweils einige Tage; vielleicht „Algol-ähnlich". — 51. Sehr wahrscheinlich raschwechselnder Bedeckungsstern. — 52. Der Stern zeigt Erhellungen, die mehrere Tage anzudauern scheinen. RR Lyrae-Art nicht ganz ausgeschlossen. — 53. Wahrscheinlich RRc-Stern. — 54. Mittellange Periode? — 55. CoD —75°946 ($10^m_.0$). — 56. Wahrscheinlich Untertypus RRb. — 57. sf Glied eines Paares. — 58. RR Lyrae-Art? — 59. Geringe Amplitude. Dicht bei W Aps, aber nach Ort und Größe nicht identisch. — 60. Der Stern hat ein mehrere Tage dauerndes Maximum 1959 Juni 9 und ist dann auf einer Platte September 4 wieder hell. Vielleicht Hauptreihen-Veränderlicher, aber RR Lyrae-Art nicht ganz auszuschließen. Am Rande einer Dunkelwolke. — 61. Minima selten. — 62. Sehr geringer Lichtwechsel, vielleicht Bedeckungsstern. — 63. Große Amplitude. — 64. Wahrscheinlich RR Lyrae-Art. — 65. Von Ende Mai bis Anfang September 1959 sind 5 Maxima mit sehr unregelmäßigen Zwischenzeiten festgestellt. Das am besten beobachtete Juni 9 dauerte etwa 6^d. — 66. In einer schwachen Dunkelwolke, vielleicht Vordergrundstern. — 67. Nicht ganz sicher, da sehr schwierig, wahrscheinlich Bedeckungsstern. — 68. Wahrscheinlich RR Lyrae-Art, aber rascher regelloser Lichtwechsel nicht ausgeschlossen. — 69. Maxima selten. — 70. Schwierig, nicht ganz sicher. — 71. Schwierig wegen kleiner Amplitude, aber augenscheinlich sicher. — 72. Wahrscheinlich RR Lyrae-Stern. — 73. Vielleicht langperiodisch, nf Stern eines engen Paares. — 74. Wahrscheinlich RR Lyrae-Art. — 75. Der geringe Lichtwechsel verläuft zeitweilig ziemlich rasch. — 76. Sehr wahrscheinlich raschwechselnder Bedeckungsstern mit kleiner Amplitude. — 77. Wahrscheinlich Bedeckungsstern. — 78. Kleine Amplitude. — 79. Wahrscheinlich RRc-Stern. — 80. Wahrscheinlich RR Lyrae-Stern.

Feld η Ara

Bezeichnung	1875.0	1875.0	Größen	Art	Bem.
S 5682 TrA	$15^h58^m48^s$	—60°34'.2	$14^m.5$ 15^m	langsam ver.	1
S 5683 Nor	16 2 35	—59 42.6	14 14.5	Bedeckungsstern	2
S 5684 Nor	16 3 13	—57 36.8	13.5 14	Bedeckungsstern	
S 5685 TrA	16 4 0	—61 59.7	13 14	langsam ver.	
S 5686 TrA	16 4 8	—62 40.8	13.5 14	Bedeckungsstern?	3
S 5687 Nor	16 4 37	—59 35.2	16 17	RR Lyrae	
S 5688 Nor	16 4 43	—59 0.8	15.5 16	RR Lyrae?	4
S 5689 Nor	16 4 51	—59 37.4	15 15.5	Bedeckungsstern	
S 5690 TrA	16 4 54	—62 52.8	14 [16	Mira	
S 5691 TrA	16 5 39	—60 39.7	14.5 15	Bedeckungsstern	5
S 5692 TrA	16 6 15	—61 24.0	16 17	Bedeckungsstern	
S 5693 Nor	16 6 31	—58 39.2	15.5 16.5	langsam ver.	6
S 5694 TrA	16 7 4	—60 10.8	16 17	RR Lyrae	
S 5695 Nor	16 7 13	—59 19.9	14.5 15	Bedeckungsstern	

Bezeichnung	1875.0	1875.0	Größen		Art	Bem.
S 5696 Nor	$16^h\ 7^m 25^s$	—58°56.′2	15^m	$16^m.5$	langsam ver.	7
S 5697 Nor	16 7 25	—59 39.2	12	12.5	langsam ver.	
S 5698 Nor	16 7 54	—57 16.4	14	15	Algol	
S 5699 TrA	16 7 56	—62 0.8	15	16	Algol	
S 5700 Nor	16 8 10	—56 50.6	13.5	14	kurzperiodisch	8
S 5701 TrA	16 8 28	—62 2.2	13.5	14.5	kurzperiodisch	9
S 5702 TrA	16 8 35	—60 5.4	14.5	15	Algol	
S 5703 Nor	16 8 57	—59 36.4	15	15.5	unregelmäßig	10
S 5704 TrA	16 9 7	—60 1.8	15.5	16.5	RR Lyrae	
S 5705 Nor	16 9 31	—57 20.0	14	14.5	Bedeckungsstern	11
S 5706 Nor	16 9 35	—59 36.3	11	11.5	langsam ver.	
S 5707 Nor	16 9 39	—58 25.3	15.5	[17	Mira	12
S 5708 Nor	16 9 54	—58 0.1	16	17	mittellange Periode	
S 5709 TrA	16 9 57	—60 56.6	15	[17	langperiodisch	
S 5710 Nor	16 10 23	—58 29.2	13.5	14	Bedeckungsstern ?	13
S 5711 TrA	16 10 33	—61 13.1	15	16	mittellange Periode	14
S 5712 Nor	16 10 48	—55 48.8	15	15.5	langsam ver. ?	15
S 5713 TrA	16 11 3	—60 34.1	14.5	15	kurzperiodisch	16
S 5714 Nor	16 11 5	—57 7.2	16	[17	langperiodisch	
S 5715 Nor	16 11 33	—57 27.1	16	[17	langperiodisch	
S 5716 Nor	16 11 38	—57 47.5	16	17	RR Lyrae	
S 5717 Nor	16 11 43	—57 1.7	16	[17	Bedeckungsstern	
S 5718 TrA	16 11 47	—61 6.6	13	[16.5	Mira	17
S 5719 Nor	16 11 47	—54 14.6	14	15	Bedeckungsstern ?	18
S 5720 TrA	16 11 51	—60 33.8	15.5	16	RR Lyrae	
S 5721 Nor	16 12 2	—57 28.9	14	14.5	kurzperiodisch	19
S 5722 Nor	16 12 5	—58 9.7	14	14.5	RR Lyrae	
S 5723 Nor	16 12 12	—57 13.5	14.5	15	kurzperiodisch	20
S 5724 Nor	16 12 14	—55 10.4	14	[16.5	Mira	
S 5725 TrA	16 12 17	—61 27.5	15.5	17	langsam ver.	21
S 5726 Nor	16 12 51	—58 4.3	16	17	RR Lyrae	
S 5727 Nor	16 12 54	—57 16.6	16	[17	langperiodisch	22
S 5728 Nor	16 13 32	—55 17.3	15.5	[17	Mira	
S 5729 Nor	16 13 34	—56 3.0	15.5	17	RR Lyrae	
S 5730 Nor	16 13 35	—59 53.3	14.5	15	langsam ver.	23
S 5731 Nor	16 13 52	—55 37.0	14	14.5	langsam ver.	
S 5732 Nor	16 14 13	—58 26.6	15	[17	Mira	24
S 5733 Nor	16 14 29	—56 56.7	14.5	15	unregelmäßig	25
S 5734 TrA	16 14 32	—60 11.1	15.5	16	RR Lyrae	
S 5735 Nor	16 14 38	—58 19.8	14	[16.5	Mira	
S 5736 TrA	16 14 39	—61 49.0	14.5	15	Bedeckungsstern	
S 5737 Nor	16 14 50	—57 51.5	15	16	langsam ver.	
S 5738 Nor	16 15 7	—59 33.8	15.5	16.5	RR Lyrae	
S 5739 TrA	16 15 21	—60 52.2	16	17	langsam ver.	
S 5740 TrA	16 15 33	—60 37.4	12	13	Algol	
S 5741 Nor	16 15 44	—56 37.8	11	11.5	Algol	
S 5742 Nor	16 15 55	—57 13.8	14	15	langsam ver.	
S 5743 TrA	16 16 4	—62 17.6	15	15.5	Bedeckungsstern	26
S 5744 Nor	16 16 7	—58 27.6	15.5	[17	langperiodisch	
S 5745 TrA	16 16 8	—61 52.2	14.5	15	langsam ver.	27
S 5746 TrA	16 16 13	—62 12.5	15.5	16.5	langsam ver.	

Bezeichnung	1875.0	1875.0	Größen	Art	Bem.
S 5747 Nor	$16^h 16^m 22^s$	—59° 59.′0	$16^m.5$ $17^m.5$	RR Lyrae	
S 5748 Nor	16 16 25	—56 18.2	15.5 16.5	langsam ver.	
S 5749 TrA	16 16 27	—61 47.9	15 15.5	RR Lyrae	
S 5750 TrA	16 16 35	—62 6.2	14.5 15	langsam ver.	28
S 5751 TrA	16 16 37	—61 46.0	14 14.5	langsam ver.	
S 5752 Nor	16 16 52	—59 2.5	16 [17	U Geminorum	29
S 5753 TrA	16 16 53	—60 32.2	15.5 16	RR Lyrae	30
S 5754 TrA	16 16 57	—61 34.2	16.5 17.5	RR Lyrae	31
S 5755 Nor	16 17 18	—59 58.0	12.5 13	Algol	
S 5756 Nor	16 17 24	—58 6.0	15.5 16	kurzperiodisch	32
S 5757 Nor	16 17 26	—58 4.2	16 17	RR Lyrae	
S 5758 Nor	16 17 30	—57 24.7	11 11.5	Bedeckungsstern	33
S 5759 Nor	16 17 38	—59 3.0	15.5 16	langsam ver.	
S 5760 TrA	16 17 40	—62 11.7	14.5 15	Algol	
S 5761 Nor	16 17 46	—55 16.5	16 16.5	langsam ver.	
S 5762 Nor	16 17 57	—59 29.0	16.5 17	Bedeckungsstern ?	34
S 5763 Nor	16 18 0	—56 4.4	15.5 [17	Mira	
S 5764 Nor	16 18 9	—54 57.8	15 15.5	Algol	35
S 5765 Nor	16 18 23	—54 49.9	16 [16.5	langsam ver.	
S 5766 TrA	16 18 54	—61 51.2	15.5 16	Bedeckungsstern	
S 5767 Nor	16 18 59	—58 4.5	15 15.5	RR Lyrae	
S 5768 Nor	16 19 23	—57 24.2	16 17	langsam ver.	36
S 5769 Nor	16 19 25	—54 41.0	14.5 [16.5	Mira	
S 5770 TrA	16 19 30	—61 33.8	15.5 [17	U Geminorum	37
S 5771 Nor	16 19 33	—54 49.3	14.5 15	Algol	
S 5772 Nor	16 19 47	—58 56.2	14 15	kurzperiodisch	38
S 5773 TrA	16 19 50	—60 3.6	15.5 16	langsam ver.	
S 5774 Nor	16 19 59	—57 58.0	15 15.5	kurzperiodisch	39
S 5775 Nor	16 20 0	—55 18.4	14 15	langsam ver.	40
S 5776 Nor	16 20 22	—59 31.7	15.5 16.5	Bedeckungsstern	
S 5777 Nor	16 20 30	—55 37.4	14.5 15	langsam ver.	
S 5778 Nor	16 20 44	—59 49.2	15 [17	langperiodisch	
S 5779 Nor	16 20 48	—59 4.8	16 17	Algol	
S 5780 Nor	16 21 24	—57 46.9	15 15.5	kurzperiodisch	41
S 5781 Nor	16 21 26	—54 45.7	15.5 [17	langperiodisch	
S 5782 TrA	16 21 42	—60 16.3	13 13.5	unregelmäßig ?	42
S 5783 Nor	16 21 49	—55 31.7	13.5 14.5	kurzperiodisch	43
S 5784 Nor	16 21 50	—55 23.1	15 [17	Mira	44
S 5785 Nor	16 22 18	—58 2.9	15.5 16.5	Bedeckungsstern	
S 5786 TrA	16 22 23	—60 8.0	15.5 16	langsam ver.	
S 5787 TrA	16 22 38	—61 19.4	14 [17	Mira	45
S 5788 Nor	16 22 48	—55 49.1	15 16	langperiodisch	46
S 5789 Nor	16 22 49	—56 49.1	16.5 [17	langperiodisch	
S 5790 Nor	16 23 1	—55 11.4	15 15.5	Algol	
S 5791 Nor	16 23 4	—56 39.4	16 17	RR Lyrae	
S 5792 Nor	16 23 9	—55 47.9	15 [17	Mira	
S 5793 TrA	16 23 10	—63 18.4	14.5 15	langsam ver. ?	47
S 5794 Nor	16 23 14	—58 21.4	15 17	Algol	
S 5795 Nor	16 23 26	—55 56.6	13.5 14	Bedeckungsstern	48
S 5796 Nor	16 23 38	—56 12.3	16 [17.5	U Geminorum	49
S 5797 Nor	16 23 48	—55 16.5	15 [17	Mira	

Bezeichnung	1875.0	1875.0	Größen	Art	Bem.
S 5798 Nor	$16^h23^m51^s$	$-57°47'.4$	$15^m.5$ 16^m	RR Lyrae	
S 5799 Nor	16 24 20	—55 21.1	12 12.5	Algol	
S 5800 TrA	16 24 22	—60 34.3	15.5 16.5	RR Lyrae	
S 5801 TrA	16 24 33	—60 57.6	16.5 17	RR Lyrae ?	50
S 5802 TrA	16 24 53	—60 16.6	13.5 14	langsam ver.	
S 5803 TrA	16 24 59	—62 20.8	15.5 17	langperiodisch	51
S 5804 Nor	16 25 3	—59 33.6	14.5 15.5	langsam ver.	
S 5805 Nor	16 25 6	—55 52.6	15.5 16	langsam ver.	
S 5806 TrA	16 25 34	—62 58.3	16 [17	Algol	
S 5807 Ara	16 25 54	—56 59.9	15 16	kurzperiodisch	52
S 5808 Ara	16 26 0	—58 11.9	16 17	Algol	
S 5809 Ara	16 26 1	—55 8.1	16 [17	Mira	53
S 5810 Ara	16 26 5	—55 24.5	15 15.5	langsam ver. ?	54
S 5811 Ara	16 26 13	—55 18.5	14.5 [17	Mira	
S 5812 Ara	16 26 39	—58 16.6	15.5 16	langsam ver.	
S 5813 Ara	16 26 46	—57 12.4	14.5 15	Bedeckungsstern	
S 5814 Ara	16 27 19	—59 28.9	10.5 11	langsam ver. ?	55
S 5815 Ara	16 27 26	—57 5.9	15 [17	Mira	
S 5816 Ara	16 27 47	—60 55.1	15 17	Algol	56
S 5817 Ara	16 27 48	—57 23.0	15 16	Algol	
S 5818 Ara	16 28 11	—54 17.8	14 16	langperiodisch	57
S 5819 Ara	16 28 30	—55 24.4	14.5 15.5	langsam ver.	
S 5820 Ara	16 28 30	—55 36.7	14.5 15.5	RR Lyrae	
S 5821 TrA	16 28 33	—63 16.9	15.5 16	Bedeckungsstern	
S 5822 Ara	16 28 42	—57 52.4	12.5 13	Algol	58
S 5823 Ara	16 28 45	—57 50.4	15 [17	Mira	
S 5824 Ara	16 28 53	—60 5.5	14.5 15.5	RR Lyrae	
S 5825 Ara	16 29 36	—54 29.7	13.5 14	langsam ver.	59
S 5826 TrA	16 29 37	—62 10.9	16 17	RR Lyrae	
S 5827 Ara	16 29 54	—57 12.1	15 16	RR Lyrae	
S 5828 Ara	16 29 56	—56 52.4	16 [17	Mira	
S 5829 Ara	16 30 1	—55 2.8	14.5 [16	Mira	
S 5830 Ara	16 30 5	—59 24.0	14 [16.5	Mira	
S 5831 Ara	16 30 21	—58 42.3	15 16	RR Lyrae	
S 5832 TrA	16 30 39	—62 9.0	15 15.5	RR Lyrae	
S 5833 Ara	16 30 45	—55 49.4	16.5 17	RR Lyrae	
S 5834 Ara	16 30 52	—57 9.7	16 17	langsam ver.	
S 5835 Ara	16 30 59	—55 8.4	14 14.5	Bedeckungsstern	60
S 5836 TrA	16 31 6	—63 14.4	16 17	langsam ver.	
S 5837 Ara	16 31 7	—56 58.0	16 17	langsam ver.	
S 5838 Ara	16 31 12	—55 48.5	16 16.5	langsam ver.	
S 5839 Ara	16 31 18	—57 7.7	13 13.5	langsam ver.	
S 5840 Ara	16 31 24	—60 33.2	15 16	langsam ver.	
S 5841 Ara	16 31 39	—59 5.0	16 [17	langperiodisch	
S 5842 Ara	16 31 52	—57 6.3	16 [17	langperiodisch	61
S 5843 Ara	16 31 53	—55 49.3	15 16.5	langperiodisch	
S 5844 Ara	16 31 53	—57 47.5	14 15.5	Algol	
S 5845 Ara	16 32 0	—59 39.0	15.5 16	Bedeckungsstern	
S 5846 TrA	16 32 1	—61 42.8	15.5 16	Bedeckungsstern	
S 5847 Ara	16 32 2	—60 51.2	12 12.5	kurzperiodisch	62
S 5848 TrA	16 32 2	—61 48.4	16 [17	langperiodisch	63

Bezeichnung	1875.0	1875.0	Größen	Art	Bem.
S 5849 Ara	$16^h 32^m 5^s$	—54° 6′.7	$13^m.5$ $14^m.5$	Algol	
S 5850 Ara	16 32 7	—55 48.6	15 15.5	kurzperiodisch	64
S 5851 TrA	16 32 12	—61 13.3	14.5 15	Algol	
S 5852 Ara	16 32 18	—59 2.5	16 17	langsam ver.	
S 5853 Ara	16 32 20	—60 36.5	15.5 16	Algol	65
S 5854 Ara	16 32 25	—56 36.4	16 [17	Algol	
S 5855 Ara	16 32 42	—59 9.2	15.5 16.5	langsam ver.	
S 5856 TrA	16 32 42	—61 1.0	15 16	RR Lyrae	
S 5857 Ara	16 32 43	—55 37.4	16 [17	Mira	
S 5858 Ara	16 32 52	—56 20.6	13.5 14	Algol	66
S 5859 TrA	16 32 55	—62 20.2	14.5 15	kurzperiodisch	67
S 5860 Ara	16 33 10	—60 13.1	15 16	RR Lyrae	
S 5861 Ara	16 33 20	—55 34.1	16 16.5	kurzperiodisch	68
S 5862 Ara	16 33 29	—55 31.5	14 15	langsam ver.	
S 5863 Ara	16 33 30	—55 26.7	15.5 17	Algol ?	69
S 5864 Ara	16 33 32	—56 37.6	15 15.5	Bedeckungsstern	70
S 5865 Ara	16 33 47	—56 26.1	15 [17	Mira	
S 5866 Ara	16 33 48	—57 36.6	13.5 14	Bedeckungsstern ?	71
S 5867 Ara	16 33 55	—55 25.6	14 16	Algol	
S 5868 Ara	16 33 58	—59 32.5	15 16	langsam ver.	
S 5869 Ara	16 34 0	—55 32.2	15 16	Algol	
S 5870 Ara	16 34 12	—57 44.1	15.5 16	kurzperiodisch	72
S 5871 Ara	16 34 19	—54 55.7	15.5 [17	Mira	
S 5872 Ara	16 34 26	—57 46.0	16 17	Algol	
S 5873 Ara	16 34 30	—56 7.2	13.5 14.5	langsam ver.	
S 5874 Ara	16 34 45	—57 35.0	13.5 [17	Mira	
S 5875 TrA	16 34 47	—61 40.8	15 16	RR Lyrae	
S 5876 TrA	16 34 53	—62 10.3	15 15.5	Bedeckungsstern ?	
S 5877 Ara	16 34 55	—54 44.9	13 13.5	raschwechselnd	73
S 5878 Ara	16 34 56	—57 28.4	15.5 16.5	RR Lyrae	
S 5879 Ara	16 34 57	—57 3.0	16 [17	langperiodisch	
S 5880 Ara	16 35 6	—58 24.0	16 16.5	langsam ver.	74
S 5881 Ara	16 35 7	—59 53.6	14 [17	Mira	75
S 5882 Ara	16 35 10	—57 4.2	16 16.5	Bedeckungsstern ?	76
S 5883 Ara	16 35 18	—61 19.3	16 16.5	Bedeckungsstern	
S 5884 Ara	16 35 19	—61 12.1	14.5 15	Bedeckungsstern	77
S 5885 Ara	16 35 22	—58 21.5	15.5 16.5	langsam ver.	
S 5886 Ara	16 35 29	—56 51.3	16 17	RR Lyrae	
S 5887 Ara	16 35 33	—59 31.7	12.5 13	Algol	
S 5888 Ara	16 35 46	—59 46.9	16.5 [17	RR Lyrae	
S 5889 Ara	16 35 46	—57 8.9	16 17	RR Lyrae	
S 5890 Ara	16 35 51	—58 23.1	16 [17	langperiodisch	
S 5891 Ara	16 35 52	—58 42.1	14 15	langsam ver.	
S 5892 Ara	16 36 12	—57 16.7	13.5 14.5	langsam ver.	78
S 5893 Ara	16 36 42	—55 27.9	16 [17	langperiodisch	79
S 5894 Ara	16 36 56	—59 38.4	15 15.5	RW Aurigae-ähnlich	80
S 5895 Ara	16 36 57	—59 8.9	14.5 [17	Mira	
S 5896 Ara	16 36 59	—58 41.2	11 12	langsam ver.	
S 5897 Ara	16 37 13	—59 2.5	15.5 16.5	langperiodisch	
S 5898 Ara	16 37 16	—59 36.7	14 14.5	langsam ver.	
S 5899 Ara	16 37 18	—56 3.6	16 [17	langperiodisch	

Bezeichnung	1875.0	1875.0	Größen		Art	Bem.
S 5900 Ara	$16^h37^m19^s$	$-55°10'.1$	14^m	$14^m.5$	Bedeckungsstern	
S 5901 Ara	16 37 45	—58 47.2	15	15.5	Bedeckungsstern ?	81
S 5902 Ara	16 38 0	—57 52.0	16	17	RR Lyrae	
S 5903 Ara	16 38 7	—56 35.4	15	[17	Mira	
S 5904 Ara	16 38 20	—60 2.5	15	16	RR Lyrae	
S 5905 Ara	16 38 21	—60 57.0	15	16.5	unregelmäßig	82
S 5906 Ara	16 38 22	—62 32.0	14.5	15	langsam ver.	
S 5907 Ara	16 38 23	—63 12.9	15	15.5	Bedeckungsstern ?	83
S 5908 Ara	16 38 25	—60 41.0	14.5	15.5	langperiodisch	
S 5909 Ara	16 38 36	—62 27.0	13	13.5	kurzperiodisch	84
S 5910 Ara	16 38 37	—60 15.3	15	[17	Mira	85
S 5911 Ara	16 38 47	—55 4.6	14	14.5	Bedeckungsstern	
S 5912 Ara	16 38 48	—54 0.2	14	[15.5	Mira	
S 5913 Ara	16 39 1	—58 23.9	14	14.5	langsam ver.	
S 5914 Ara	16 39 5	—59 6.3	15	16	langperiodisch	86
S 5915 Ara	16 39 6	—61 41.9	15	17	RW Aurigae	
S 5916 Ara	16 39 15	—55 38.8	15.5	16	RR Lyrae	
S 5917 Ara	16 39 32	—56 44.2	16	17	RR Lyrae	
S 5918 Ara	16 39 36	—55 7.4	15.5	[17	Mira	
S 5919 Ara	16 39 45	—58 23.8	15.5	16	Algol	87
S 5920 Ara	16 39 51	—56 33.6	15.5	16	Bedeckungsstern ?	88
S 5921 Ara	16 40 11	—55 24.8	14.5	[17	Mira	
S 5922 Ara	16 40 44	—60 42.5	14.5	[17	Mira	
S 5923 Ara	16 40 54	—63 11.9	15	16	RR Lyrae	
S 5924 Ara	16 41 0	—56 17.7	15	15.5	kurzperiodisch	89
S 5925 Ara	16 41 3	—55 1.9	15	[17	Mira	
S 5926 Ara	16 41 7	—61 45.1	15.5	16.5	RR Lyrae	
S 5927 Ara	16 41 16	—56 27.7	15	16	langsam ver.	
S 5928 Ara	16 41 29	—57 10.4	16	17	RR Lyrae	
S 5929 Ara	16 41 34	—54 40.0	15.5	16	kurzperiodisch ?	90
S 5930 Ara	16 41 40	—57 4.5	16	17	RR Lyrae	
S 5931 Ara	16 41 41	—57 2.8	9.5	10	Bedeckungsstern	91
S 5932 Ara	16 41 43	—59 38.7	15.5	16.5	RR Lyrae	
S 5933 Ara	16 41 49	—55 24.6	13.5	17	Mira	
S 5934 Ara	16 41 57	—58 8.2	14.5	15	RR Lyrae	
S 5935 Ara	16 42 0	—61 25.4	15.5	16.5	RR Lyrae	
S 5936 Ara	16 42 1	—61 28.4	15.5	16	RR Lyrae	
S 5937 Ara	16 42 3	—54 59.1	14.5	16	langperiodisch	92
S 5938 Ara	16 42 7	—55 59.6	14	14.5	mittellange Periode	93
S 5939 Ara	16 42 12	—55 36.2	15	16	langperiodisch	
S 5940 Ara	16 42 21	—61 11.0	11.5	12	Bedeckungsstern	94
S 5941 Ara	16 42 43	—56 48.8	15.5	17	RR Lyrae	
S 5942 Ara	16 43 6	—59 22.6	15	15.5	langsam ver.	
S 5943 Ara	16 43 7	—56 41.8	15	16	RR Lyrae ?	
S 5944 Ara	16 43 9	—57 5.4	16	17	Bedeckungsstern	95
S 5945 Ara	16 43 10	—63 20.8	16	17	RR Lyrae ?	96
S 5946 Ara	16 43 12	—62 10.4	15	15.5	langsam ver.	
S 5947 Ara	16 43 15	—56 15.0	15	15.5	langsam ver.	97
S 5948 Ara	16 43 24	—55 51.2	15	15.5	RR Lyrae	
S 5949 Ara	16 43 28	—56 54.4	16	17	mittellange Periode	98
S 5950 Ara	16 43 34	—59 56.6	15	16	langsam ver.	

Bezeichnung	1875.0	1875.0	Größen	Art	Bem.
S 5951 Ara	$16^h 43^m 44^s$	—59° 14'.8	11^m $11^m.5$	langsam ver.?	99
S 5952 Ara	16 43 46	—55 59.0	15.5 17	raschwechselnd	100
S 5953 Ara	16 43 58	—61 0.4	15 15.5	RR Lyrae	
S 5954 Ara	16 44 16	—55 19.8	16 17	RR Lyrae	
S 5955 Ara	16 44 24	—59 56.7	14 15.5	langsam ver.	
S 5956 Ara	16 44 32	—57 4.4	14 14.5	langsam ver.	
S 5957 Ara	16 44 34	—54 59.4	14 [17	Mira	
S 5958 Ara	16 44 41	—57 0.8	15.5 16.5	RR Lyrae?	
S 5959 Ara	16 44 42	—59 27.1	16 17	RR Lyrae	
S 5960 Ara	16 45 9	—56 45.5	15.5 16.5	langsam ver.	
S 5961 Ara	16 45 15	—61 2.5	12.5 13	kurzperiodisch	101
S 5962 Ara	16 45 16	—56 42.3	16 17	RR Lyrae	
S 5963 Ara	16 45 33	—59 19.8	15.5 16.5	RR Lyrae	
S 5964 Ara	16 45 53	—56 42.1	14 14.5	kurzperiodisch	102
S 5965 Ara	16 45 54	—60 12.3	14 14.5	langsam ver.	
S 5966 Ara	16 45 54	—55 43.6	15 15.5	langsam ver.	
S 5967 Ara	16 45 56	—57 27.6	13.5 14	RR Lyrae	
S 5968 Ara	16 45 56	—60 17.9	14.5 15	Bedeckungsstern	
S 5969 Ara	16 45 57	—61 39.4	15.5 16	Algol?	103
S 5970 Ara	16 46 1	—55 49.2	15 15.5	kurzperiodisch	104
S 5971 Ara	16 46 4	—55 16.0	13.5 16.5	RW Aurigae-Art	105
S 5972 Ara	16 46 14	—59 56.1	14.5 15	kurzperiodisch	106
S 5973 Ara	16 46 16	—62 13.6	14 [17	Mira	
S 5974 Ara	16 46 21	—55 58.4	16 17	RR Lyrae	
S 5975 Ara	16 46 27	—60 35.0	15 [17	Mira	
S 5976 Ara	16 46 27	—56 51.1	15.5 16.5	langsam ver.	
S 5977 Ara	16 46 33	—59 13.5	14.5 16	Bedeckungsstern	
S 5978 Ara	16 46 34	—57 51.3	15.5 16	langsam ver.	
S 5979 Ara	16 46 51	—61 26.0	15.5 16.5	RR Lyrae	
S 5980 Ara	16 47 1	—58 55.0	13.5 14	RR Lyrae	
S 5981 Ara	16 47 11	—57 0.4	14 14.5	raschwechselnd	107
S 5982 Ara	16 47 12	—58 24.8	15 16	RR Lyrae	
S 5983 Ara	16 47 25	—62 10.3	15 15.5	langsam ver.	108
S 5984 Ara	16 47 42	—63 8.0	15 16.5	RR Lyrae	
S 5985 Ara	16 47 52	—55 18.3	13.5 16	Algol	
S 5986 Ara	16 47 54	—57 7.5	16 17	mittellange Periode	
S 5987 Ara	16 47 55	—57 8.4	15 16	Algol	
S 5988 Ara	16 47 55	—59 35.4	14.5 17	mittellange Periode	109
S 5989 Ara	16 47 58	—61 31.4	14 16.5	U Geminorum	110
S 5990 Ara	16 48 1	—62 40.2	15 16	RR Lyrae	
S 5991 Ara	16 48 2	—58 49.1	15.5 16.5	RR Lyrae	
S 5992 Ara	16 48 6	—57 57.1	15.5 17	Algol	
S 5993 Ara	16 48 9	—58 37.1	10.5 11	langsam ver.	111
S 5994 Ara	16 48 13	—62 36.5	15.5 16.5	RR Lyrae	
S 5995 Ara	16 48 27	—57 25.2	16 16.5	RR Lyrae	112
S 5996 Ara	16 48 27	—58 10.1	13.5 [16.5	Mira	
S 5997 Ara	16 48 36	—58 19.3	15 16	RR Lyrae	
S 5998 Ara	16 48 41	—61 49.5	16 [17	langperiodisch	113
S 5999 Ara	16 48 47	—59 55.5	14.5 15.5	RR Lyrae	
S 6000 Ara	16 48 50	—60 40.0	14.5 15	langsam ver.	
S 6001 Ara	16 49 12	—55 0.6	15 16	RR Lyrae	

Bezeichnung	1875.0	1875.0	Größen	Art	Bem.
S 6002 Ara	$16^h49^m19^s$	—55°16′.4	$13^m.5$ $14^m.5$	RR Lyrae	
S 6003 Ara	16 49 20	—55 15.9	16 17	RR Lyrae	
S 6004 Ara	16 49 22	—59 34.2	16 [17	Mira	
S 6005 Ara	16 49 28	—58 58.0	15.5 16.5	RR Lyrae	
S 6006 Ara	16 49 30	—57 39.9	15.5 [17	U Geminorum	114
S 6007 Ara	16 49 36	—56 28.3	12 12.5	kurzperiodisch	115
S 6008 Ara	16 49 42	—55 24.2	14.5 15	kurzperiodisch	116
S 6009 Ara	16 49 51	—62 45.9	14.5 15	RR Lyrae	
S 6010 Ara	16 49 54	—57 13.5	15.5 16	kurzperiodisch	117
S 6011 Ara	16 49 55	—55 37.6	15 16	langsam ver.	
S 6012 Ara	16 49 57	—58 3.6	16 17	RR Lyrae	
S 6013 Ara	16 50 5	—56 10.7	15 16	langsam ver.	
S 6014 Ara	16 50 7	—56 59.2	15 [17	Mira	
S 6015 Ara	16 50 10	—61 48.2	14.5 15	Bedeckungsstern	118
S 6016 Ara	16 50 12	—58 24.6	15 16.5	RW Aurigae-ähnlich	119
S 6017 Ara	16 50 21	—59 8.1	15 16	RR Lyrae	
S 6018 Ara	16 50 29	—61 30.5	15 16	RR Lyrae	
S 6019 Ara	16 50 43	—56 26.2	15 16	Algol	
S 6020 Ara	16 50 45	—58 4.8	15.5 16.5	RR Lyrae	
S 6021 Ara	16 50 54	—58 6.8	15.5 16	RR Lyrae	
S 6022 Ara	16 51 9	—60 54.7	14 14.5	langsam ver.	
S 6023 Ara	16 51 11	—58 56.1	15 16	RR Lyrae	
S 6024 Ara	16 51 25	—63 24.0	13.5 14	Bedeckungsstern	
S 6025 Ara	16 51 40	—61 15.5	14 [16	Mira	
S 6026 Ara	16 51 41	—55 55.0	14.5 16	Algol	120
S 6027 Ara	16 51 41	—59 19.6	14.5 15	langsam ver.	
S 6028 Ara	16 51 47	—56 31.9	14.5 15.5	Algol	
S 6029 Ara	16 51 56	—63 6.8	14.5 16.5	langperiodisch	
S 6030 Ara	16 51 57	—57 37.5	15.5 16.5	langperiodisch	121
S 6031 Ara	16 52 17	—63 13.8	14 14.5	Bedeckungsstern ?	
S 6032 Ara	16 52 18	—56 33.7	16 [17	kurzperiodisch	122
S 6033 Ara	16 52 21	—61 19.7	12 12.5	langsam ver.	
S 6034 Ara	16 52 28	—56 55.3	9.5 10	kurzperiodisch	123
S 6035 Ara	16 52 32	—59 18.5	12.5 13	langsam ver.	
S 6036 Ara	16 52 33	—56 12.6	13.5 14.5	Algol	
S 6037 Ara	16 52 46	—60 33.6	15.5 16	RR Lyrae	
S 6038 Ara	16 52 47	—62 47.5	13.5 14.5	RR Lyrae	
S 6039 Ara	16 53 5	—61 28.9	14.5 15	RR Lyrae	
S 6040 Ara	16 53 9	—55 30.4	15 15.5	langsam ver.	
S 6041 Ara	16 53 17	—54 41.3	14 14.5	langsam ver.	
S 6042 Ara	16 53 21	—57 45.6	15 16	langsam ver.	
S 6043 Ara	16 53 21	—55 8.1	14 17	Mira	
S 6044 Ara	16 53 29	—57 29.0	14 15	langsam ver.	
S 6045 Ara	16 53 37	—62 57.5	15 16	langsam ver.	
S 6046 Ara	16 53 52	—60 55.9	15.5 16	kurzperiodisch	124
S 6047 Ara	16 53 55	—56 48.2	13.5 15	RR Lyrae	
S 6048 Ara	16 53 57	—56 57.5	14 15.5	RR Lyrae	
S 6049 Ara	16 54 0	—54 41.9	13.5 15	Algol	
S 6050 Ara	16 54 3	—61 1.5	13.5 14	kurzperiodisch	125
S 6051 Ara	16 54 7	—59 21.5	16 16.5	langsam ver.	
S 6052 Ara	16 54 11	—59 4.3	15 15.5	RR Lyrae	

Bezeichnung	1875.0	1875.0	Größen	Art	Bem.
S 6053 Ara	$16^h 54^m 23^s$	$-57° 43'.1$	16^m $16^m.5$	RR Lyrae	
S 6054 Ara	16 54 24	—58 34.9	14.5 15	RR Lyrae	
S 6055 Ara	16 54 27	—55 12.2	13 13.5	Bedeckungsstern	126
S 6056 Ara	16 54 38	—61 13.6	16 17	RR Lyrae	
S 6057 Ara	16 54 39	—62 44.2	14.5 15	RR Lyrae	
S 6058 Ara	16 54 48	—55 23.0	16 17	Algol	
S 6059 Ara	16 54 57	—58 27.0	16 17	RR Lyrae	
S 6060 Ara	16 55 1	—57 38.6	15 16	RR Lyrae	
S 6061 Ara	16 55 3	—59 29.7	14.5 15.5	RR Lyrae	
S 6062 Ara	16 55 18	—58 52.7	14 [16.5	Mira	
S 6063 Ara	16 55 20	—55 10.6	15 16	RR Lyrae	
S 6064 Ara	16 55 23	—58 8.6	15 16	RR Lyrae	
S 6065 Ara	16 55 28	—63 7.4	13.5 14	langsam ver.	
S 6066 Ara	16 56 20	—62 10.0	14 15	mittellange Periode	127
S 6067 Ara	16 56 21	—58 59.7	16 17	RR Lyrae	
S 6068 Ara	16 56 22	—59 31.7	16 17	RR Lyrae	
S 6069 Ara	16 56 45	—56 45.4	15.5 16	Bedeckungsstern	
S 6070 Ara	16 56 52	—62 24.8	13.5 14.5	RR Lyrae	
S 6071 Ara	16 56 53	—54 53.5	14 16.5	langperiodisch	
S 6072 Ara	16 56 58	—55 27.7	14.5 15	raschwechselnd?	128
S 6073 Ara	16 57 16	—58 25.8	15 16	RR Lyrae	
S 6074 Ara	16 57 20	—59 9.4	15 16	RR Lyrae	
S 6075 Ara	16 57 27	—55 21.1	15.5 16.5	RR Lyrae	
S 6076 Ara	16 57 35	—57 43.2	15.5 17	RR Lyrae	
S 6077 Ara	16 57 35	—62 55.9	15 15.5	RR Lyrae	
S 6078 Ara	16 57 36	—56 31.4	15 16	RR Lyrae	
S 6079 Ara	16 57 46	—55 21.2	14.5 15.5	Algol	129
S 6080 Ara	16 57 50	—61 54.5	14 15	RR Lyrae	
S 6081 Ara	16 57 52	—62 19.9	15 15.5	Bedeckungsstern	
S 6082 Ara	16 58 0	—57 54.8	15 15.5	Algol	
S 6083 Ara	16 58 12	—63 21.8	14.5 15.5	RR Lyrae	
S 6084 Ara	16 58 19	—62 38.2	13.5 14.5	Algol	130
S 6085 Ara	16 58 31	—57 44.5	14 15.5	mittellange Periode	
S 6086 Ara	16 58 32	—57 20.7	16 17	kurzperiodisch	131
S 6087 Ara	16 58 47	—57 34.3	14 14.5	RW Aurigae-ähnlich	132
S 6088 Ara	16 58 59	—54 35.2	14 15	mittellange Periode	133
S 6089 Ara	16 59 2	—58 33.0	14.5 15	Bedeckungsstern	134
S 6090 Ara	16 59 14	—59 36.1	15 16.5	Algol	135
S 6091 Ara	16 59 18	—59 0.4	14.5 15.5	RR Lyrae	
S 6092 Ara	16 59 26	—56 48.2	16 17	RR Lyrae	
S 6093 Ara	16 59 39	—57 16.6	14 15	langsam ver.	
S 6094 Ara	16 59 41	—57 55.0	16.5 17	langsam ver.	
S 6095 Ara	16 59 41	—58 45.4	15 16	RR Lyrae	
S 6096 Ara	17 0 19	—55 53.8	13 14	Algol	
S 6097 Ara	17 0 20	—60 4.8	15.5 16	langsam ver.	
S 6098 Ara	17 0 32	—58 56.2	15 15.5	RR Lyrae	
S 6099 Ara	17 0 37	—57 4.1	15 15.5	Bedeckungsstern	
S 6100 Ara	17 0 39	—56 12.6	13 13.5	Algol	
S 6101 Ara	17 0 52	—56 51.0	14 15	RR Lyrae	
S 6102 Ara	17 1 13	—61 10.2	14.5 15	Bedeckungsstern?	
S 6103 Ara	17 1 18	—57 27.0	15 [17	Mira	

Bezeichnung	1875.0	1875.0	Größen	Art	Bem.
S 6104 Ara	17h 1m 18s	−56° 46′.8	13m.5 14m	langsam ver.	136
S 6105 Ara	17 1 18	−55 0.1	14 14.5	langsam ver.	
S 6106 Ara	17 1 23	−55 14.2	14 14.5	RW Aurigae-ähnlich	137
S 6107 Ara	17 2 8	−57 5.3	14.5 15	Algol	
S 6108 Ara	17 2 25	−56 47.6	16 17	RR Lyrae	
S 6109 Ara	17 2 28	−54 34.2	14 15	RR Lyrae	
S 6110 Ara	17 2 39	−55 54.2	13 14	Algol	
S 6111 Ara	17 2 49	−57 45.7	14.5 15.5	langsam ver.	
S 6112 Ara	17 3 8	−63 2.5	14.5 15	kurzperiodisch	138
S 6113 Ara	17 3 10	−57 20.3	15 17	langperiodisch	
S 6114 Ara	17 3 27	−58 37.1	15 [17	Mira	139
S 6115 Ara	17 3 38	−58 44.6	15 [17	U Geminorum	140
S 6116 Ara	17 3 39	−60 16.8	16 17	Bedeckungsstern	141
S 6117 Ara	17 3 47	−57 16.7	14 14.5	RR Lyrae	
S 6118 Ara	17 4 15	−59 28.1	14 15	RR Lyrae	
S 6119 Ara	17 4 16	−54 46.1	13.5 15	Algol	
S 6120 Ara	17 4 21	−59 19.0	15.5 16	Algol	
S 6121 Ara	17 4 29	−56 51.2	16 16.5	langsam ver.	
S 6122 TrA	16 4 33*	−61 25.9	14 14.5	Bedeckungsstern	142
S 6123 Ara	17 4 35	−56 0.3	15 16	Algol	
S 6124 Ara	17 5 3	−56 40.9	15.5 16	RR Lyrae	
S 6125 Ara	17 5 3	−55 23.2	14 14.5	Bedeckungsstern	143
S 6126 Ara	17 5 6	−62 41.9	15.5 16.5	RR Lyrae	
S 6127 Ara	17 5 7	−59 33.5	14 15	kurzperiodisch	144
S 6128 Ara	17 5 21	−60 12.2	13 13.5	Bedeckungsstern	145
S 6129 Ara	17 5 42	−57 42.2	13 [16.5	Mira	
S 6130 Ara	17 5 43	−55 46.2	15 16	RR Lyrae	
S 6131 Ara	17 5 51	−55 58.6	15 15.5	Bedeckungsstern	
S 6132 Ara	17 5 53	−56 43.0	14 15	langsam ver.	
S 6133 Ara	17 5 54	−55 2.6	15 15.5	kurzperiodisch	146
S 6134 Ara	17 6 21	−61 29.7	14.5 15	langsam ver.	
S 6135 Ara	17 6 21	−56 36.8	15 15.5	RR Lyrae	
S 6136 Ara	17 6 25	−59 27.6	14.5 [17	Mira	
S 6137 Ara	17 6 40	−61 20.6	15 16	RR Lyrae	
S 6138 Ara	17 6 47	−55 6.4	14 15	langsam ver.	
S 6139 Ara	17 6 50	−58 51.3	15 15.5	Bedeckungsstern	147
S 6140 Ara	17 7 28	−60 31.3	16 17.5	Algol	
S 6141 Ara	17 7 38	−55 6.0	14 15	Algol	
S 6142 Ara	17 7 55	−55 1.3	15 15.5	Bedeckungsstern	
S 6143 Ara	17 8 10	−54 17.7	15.5 16.5	langperiodisch	148
S 6144 Ara	17 8 14	−54 45.2	15 [16	Mira	
S 6145 Ara	17 8 22	−61 4.5	14.5 15	Algol	
S 6146 Ara	17 8 33	−56 10.5	15 16.5	langperiodisch	
S 6147 Ara	17 8 36	−57 32.3	15 16	RR Lyrae	
S 6148 Ara	17 8 43	−55 11.0	13.5 14	RR Lyrae	
S 6149 Ara	17 8 45	−56 3.1	15 16	RR Lyrae	
S 6150 Ara	17 8 48	−62 26.4	14 15	RR Lyrae	
S 6151 Ara	17 8 58	−56 23.2	15 15.5	RW Aurigae-ähnlich ?	149
S 6152 Ara	17 9 22	−56 34.7	14.5 [16.5	Mira	
S 6153 Ara	17 9 30	−60 39.8	13.5 14	langsam ver.	150

*) falsch eingeordnet; Rect. 16h ist richtig

Bezeichnung	1875.0	1875.0	Größen	Art	Bem.
S 6154 Ara	$17^h\ 9^m53^s$	$-60°21'.4$	$15^m.5$ $16^m.5$	langsam ver.	
S 6155 Ara	17 10 3	—59 46.3	16 17	RR Lyrae	
S 6156 Ara	17 10 11	—61 44.7	15 16	langsam ver.	
S 6157 Ara	17 10 12	—56 3.0	13 14	Algol ?	151
S 6158 Ara	17 10 26	—56 17.0	15.5 16.5	langsam ver.	
S 6159 Ara	17 10 33	—58 2.0	15 16	kurzperiodisch	152
S 6160 Ara	17 10 55	—57 9.1	15.5 16.5	Bedeckungsstern	
S 6161 Ara	17 11 6	—59 32.1	14.5 16	raschwechselnd	153
S 6162 Ara	17 11 25	—60 15.0	15 16.5	RR Lyrae	
S 6163 Ara	17 13 20	—62 25.7	14 15	mittellange Periode	154
S 6164 Ara	17 14 3	—59 38.7	15 16.5	Algol	155
S 6165 Ara	17 14 7	—61 58.6	14.5 15.5	RR Lyrae	
S 6166 Ara	17 14 14	—60 32.0	11 11.5	langsam ver.	
S 6167 Ara	17 14 43	—61 36.6	14.5 15	langsam ver.	
S 6168 Ara	17 16 18	—62 21.2	14.5 16	RR Lyrae	
S 6169 Ara	17 17 15	—62 52.1	12.5 13	Algol	

Bemerkungen: 1. Mittellange Periode möglich. — 2. Kleine Amplitude, jedoch sicher. — 3. Kleine Amplitude. — 4. Etwas schwierig, randnah. — 5. Geringer Lichtwechsel, enges Paar, unentschieden, welches Glied veränderlich. — 6. Wahrscheinlich langperiodisch. — 7. Wahrscheinlich langperiodisch. — 8. RRc-Stern ? — 9. Raschwechselnd. RR Lyrae-Art ? Etwa ebenso oft hell wie schwach. — 10. Langsamer Lichtwechsel scheint von raschen Schwankungen kleiner Amplitude überlagert; RW Aurigae-ähnlich ? — 11. Sehr kleine Amplitude. — 12. Stern $16^m.5$ dicht nördlich. — 13. Dürfte trotz sehr kleiner Amplitude sicher sein. — 14. M = 243 6695 + 10^d. *E*. — 15. Sehr kleine Amplitude. — 16. Schwierig, wahrscheinlich Bedeckungsstern mit sehr kleiner Amplitude. Stern 16^m dicht nördlich. — 17. Dicht nördlich 2 schwache Sterne. — 18. Nur auf einem Teil der Platten, da am äußersten nördlichen Rand. — 19. Kleine Amplitude, wahrscheinlich RRc-Stern, nicht identisch mit Prager 1083. — 20. RRc-Stern ? — 21. Langperiodisch ? Dicht bei CC TrA. — 22. Nur auf Platten von Ende April bis Anfang Juni 1959. — 23. Kleine Amplitude. — 24. Maximum nahe bei 243 6741. — 25. Langer Stillstand Mai bis August, hell im Sept. 1959. Kann dem Ort nach nicht EP Nor sein. — 26. Sehr kleine Amplitude. — 27. Kleine Amplitude, aber einwandfrei. — 28. Mittellange Periode möglich. — 29. Sichtbar auf 5 Platten, 1959 Juli 9 bis 12, unsichtbar Juni 28 und Juli 21. Mira-Art nicht ganz auszuschließen. — 30. Wahrscheinlich RRc-Stern. — 31. Schwach, aber augenscheinlich sicher. — 32. Wahrscheinlich Bedekkungsstern. — 33. Artbestimmung sehr unsicher. CoD —57°6406 ($9^m.6$), CPD —57°8085 ($9^m.3$), HDC 147944 Sp. Ao. — 34. Schwierig. — 35. Minima selten. — 36. Wahrscheinlich langperiodisch; kann nach Art und Helligkeit nicht FO Nor sein. — 37. Verlauf des einzigen beobachteten Maximums: 1959 Mai 6 unsichtbar, Mai 31 16^m, Juni 1 bis 5 $15^m.5$, dann abnehmend, Juni 13 17^m, auf allen Platten bis Sept. 23 unsichtbar. — 38. Wahrscheinlich Bedeckungsstern. — 39. Wahrscheinlich Bedeckungsstern. — 40. Könnte langperiodischer Bedeckungsstern sein. Minimum zwischen Aug. 1 und 10, 1959. — 41. RR Lyrae-Art ? — 42. Vielleicht RWs, kleine Amplitude. — 43. Wahrscheinlich δ Cephei-Stern. — 44. Langes, flaches Maximum Juni—Juli 1959. — 45. Kann nicht DH TrA sein. — 46. Enges Paar, dessen vorausgehendes Glied der Veränderliche ist. — 47. Am südl. Rand, nicht auf allen Platten. —

48. Raschwechselnd. Wahrscheinlich identisch mit Prager 1104 oder 1105. — 49. Maxima 1959 Mai 5 und 6, Juni 13 und 14, Juni 28, Aug. 6 und 7. — 50. Schwierig. — 51. Stern 17^m geht sehr dicht nördlich voraus. — 52. Wahrscheinlich RR Lyrae-Stern. — 53. Nahe bei X Ara. — 54. Schwierig wegen kleiner Amplitude. — 55. Mäßig rascher Lichtwechsel angedeutet. CoD —59°6230 ($10\frac{1}{4}^m$), CPD —59°6781 ($10^m\!.0$), HDC 149408 Sp. Ma. — 56. Minima selten. — 57. Der Stern geht QX Ara um 8^s voraus, wenig nördlich und kann demnach kaum AG Ara sein, der nach KRUYTBOSCH (BAN 7.263) 20^s westlich von QX stehen soll bei genau gleicher Deklination. — 58. Minima selten. — 59. Sehr kleine Amplitude. — 60. Kleine Amplitude. — 61. Art unsicher. — 62. Kleine Amplitude, raschwechselnder Bedekkungsstern ? — 63. Art unsicher. — 64. Wahrscheinlich Bedeckungsstern. — 65. Nur 1 gutes Minimum, dürfte trotzdem sicher sein. — 66. Nahe bei AC Ara. — 67. RR Lyrae-Stern ? Kleine Amplitude. — 68. RR Lyrae-Art ? — 69. Nur 1 Minimum, scheint aber sicher. — 70. Kleine Amplitude, rascher Lichtwechsel. — 71. Schwierig, kleine Amplitude. — 72. Wahrscheinlich Bedeckungsstern. — 73. Wahrscheinlich Bedeckungsstern. — 74. Mittellange Periode möglich. — 75. Anfang Mai im Abstieg, Ende Sept. 1959 hell. — 76. Kleine Amplitude. — 77. Kleine Amplitude. — 78. Mäßig rasche Änderungen treten auf. — 79. Art unsicher. — 80. Rascher, wahrscheinlich regelloser Lichtwechsel. — 81. Schwierig wegen sehr kleiner Amplitude. — 82. Schwach Ende April und Anfang Mai, hell mit geringen Schwankungen von Ende Mai bis Ende September 1959. — 83. Schwierig, randnah. — 84. Wahrscheinlich Bedeckungsstern. — 85. Stern $16^m\!.5$ dicht nördlich. — 86. Nahe bei BX Ara. — 87. Ziemlich kurze Periode. — 88. Steht in einem kleinen Dreieck schwacher Sterne. Nicht ganz sicher. — 89. Wahrscheinlich RR Lyrae-Art. — 90. Bedeckungsstern ? Sehr kleine Amplitude, etwas schwierig. — 91. Kleine Amplitude. CoD —57°6594 ($8^m\!.6$), CPD —57°8150 ($8^m\!.8$), HDC 151697 Sp. Fo. — 92. Südlich folgender Stern eines engen Paares. — 93. Vielleicht P $\sim 90^d$. — 94. 11′ nördlich von LR Ara. — 95. Algol-Art ? — 96. Schwierig wegen des Nachbarsterns $15^m\!.5$. — 97. Sehr geringer Lichtwechsel, von April bis September 1959 langsame Zunahme. — 98. 3 Maxima ergeben P = 243 6725 + 55^d. *E*. — 99. Sehr geringer Lichtwechsel, daher nicht ganz sicher. CoD —59°6345 ($9^m\!.7$), nicht in CPD und HDC. — 100. RR Lyrae-Art ? Unperiodischer Lichtwechsel jedoch nicht ausgeschlossen. — 101. Kleine Amplitude, vielleicht δ Cephei-Stern. — 102. RR Lyrae-Art ? Kleine Amplitude. — 103. Kleine Amplitude. — 104. Wahrscheinlich RR Lyrae-Stern; sehr kleine Amplitude. — 105. Öfter hell als schwach, aber für Algol-Art zu oft in mittlerem und schwachem Licht. — 106. δ Cephei-Stern ? — 107. Kleine Amplitude, Bedeckungsstern ? — 108. Mittellange Periode möglich. — 109. P etwa 70^d. — 110. 8—129 243 6801 $16^m\!.0$, 8—130 6802 $16^m\!.2$, 8—131 6803 $14^m\!.2$, 8—132 6803 $14^m\!.2$, 8—133 6803 $14^m\!.2$. Insgesamt 69 Platten 1959 April 30 bis Sept. 23. Auf allen guten Platten steht am Ort ein Stern $16^m\!.5$, der im Normallicht keine Veränderlichkeit zeigt. — 111. CoD —58°6591 (10^m), CPD —58°6952 ($9^m\!.8$), HDC 152788 Sp. Mb. — 112. Kleine Amplitude, aber anscheinend ganz sicher. — 113. Wahrscheinlich Mira-Stern, bei dem nur der Abstieg erfaßt ist. — 114. Maxima 1959 Juni 4, Juni 27—28, Juli 21, Sept. 26. Der Stern verbleibt bis zu 7^d über 17^m. — 115. Raschwechselnd, wahrscheinlich Bedeckungsstern. — 116. RR Lyrae-Art ? — 117. RR Lyrae-Art ? — 118. Raschwechselnd. — 119. RR Lyrae-Art nicht ausgeschlossen. — 120. Minima selten. — 121. Nahe bei 478.1935, aber nicht mit ihm identisch. — 122. Sehr wahrscheinlich Bedeckungsstern. — 123. δ Cephei-Stern ? Ziemlich rascher Lichtwechsel. CoD

—56°6656 (9ᵐ8), CPD —56°7959 (9ᵐ0). Nicht in HDC. — 124. Etwas öfter hell als schwach, also wahrscheinlich Bedeckungsstern. — 125. Sehr wahrscheinlich Bedeckungsstern. — 126. Art unsicher. — 127. P etwa 90^d.— 128. Es scheint sich um einen Fall raschen unperiodischen Lichtwechsels zu handeln, doch läßt die kleine Amplitude keine Entscheidung zu. — 129. Nur 1 Minimum. — 130. Nur 1 Minimum, aber sicher. — 131. Wahrscheinlich RR Lyrae-Art. — 132. Langen Wellen scheinen rasche Änderungen, überwiegend Schwächungen, überlagert zu sein. Kleine Amplitude erschwert die Deutung. — 133. P etwa 60^d. — 134. Raschwechselnd. — 135. Minima selten. — 136. Kleine Amplitude. — 137. Lange Wellen, zeitweise rasche Änderungen. — 138. Wahrscheinlich RR Lyrae-Art. — 139. Sehr nahe bei 499.1935. Stern 17^m dicht folgend. — 140. Maximum Juli 30 bis Aug. 9, 1959. — 141. Nahe bei CX Ara. — 142. Trotz sehr kleiner Amplitude für sicher gehalten. — 143. Kleine Amplitude. — 144. RR Lyrae-Art? — 145. Art unsicher. — 146. Wahrscheinlich Bedeckungsstern. — 147. Kleine Amplitude. — 148. P etwa 100^d. — 149. Sehr geringer Lichtwechsel, nicht sehr langsam. — 150. Lichtwechsel nicht sehr langsam, kleine Amplitude. — 151. Die Schwächung um 1^m J.D. 243 6723.397 scheint gesichert, da enge Nachbarsterne ungestört. Jedoch liegt keine Bestätigung vor. — 152. Wahrscheinlich Bedeckungsstern. — 153. RR Lyrae-Art? — 154. Periode könnte etwa 60^d sein. — 155. Der Ort liegt nahe bei dem des Mirasterns EL Ara, doch ist der gefundene Veränderliche einwandfrei ein Algolstern. Der Mirastern wurde nicht gefunden.

Feld β Car

Bezeichnung	1875.0	1875.0	Größen	Art	Bem.
S 6170 Vol	$8^h 11^m 43^s$	—72°10′.4	11^m $11^m.5$	kurzperiodisch	1
S 6171 Vol	8 19 16	—72 5.1	14.5 15	kurzperiodisch	2
S 6172 Vol	8 21 6	—73 2.6	12.5 13	langsam ver.	3
S 6173 Vol	8 23 10	—69 5.1	14.5 15	Bedeckungsstern	4
S 6174 Vol	8 26 2	—72 54.4	14.5 15	langsam ver.	
S 6175 Vol	8 27 1	—70 44.8	14.5 15.5	Algol	5
S 6176 Vol	8 27 5	—69 28.2	15.5 17	Algol	
S 6177 Vol	8 30 12	—67 42.6	15.5 16	kurzperiodisch	
S 6178 Vol	8 31 53	—67 3.6	15 16.5	RR Lyrae	
S 6179 Vol	8 32 15	—69 1.1	15 16.5	RR Lyrae	
S 6180 Vol	8 32 27	—69 38.7	12.5 13.5	RR Lyrae	
S 6181 Vol	8 33 20	—68 10.9	11 12	kurzperiodisch	6
S 6182 Vol	8 34 14	—64 39.2	13 14	Algol	7
S 6183 Vol	8 34 52	—68 48.7	13.5 14.5	langsam ver.	
S 6184 Vol	8 37 31	—71 15.4	15 16	langsam ver.	
S 6185 Vol	8 37 57	—65 50.6	16 [17	U Geminorum	8
S 6186 Vol	8 38 56	—67 27.8	15 16.5	RW Aurigae-ähnlich	9
S 6187 Vol	8 39 27	—67 58.7	14 14.5	Algol	10
S 6188 Vol	8 40 1	—68 3.3	15 16	kurzperiodisch	
S 6189 Vol	8 40 52	—67 41.2	15 16	langsam ver.	
S 6190 Vol	8 41 23	—65 40.0	14 15	RR Lyrae	
S 6191 Vol	8 43 21	—67 20.0	15 15.5	kurzperiodisch	11
S 6192 Vol	8 43 48	—71 0.4	10 10.5	langsam ver.	12
S 6193 Vol	8 45 25	—68 17.9	14 15	langsam ver.	
S 6194 Vol	8 45 25	—67 37.7	14 14.5	kurzperiodisch	13
S 6195 Vol	8 45 39	—67 24.8	15 [17	Mira	14
S 6196 Vol	8 46 19	—66 5.9	15 16	RR Lyrae	15

Bezeichnung	1875.0	1875.0	Größen		Art	Bem.
S 6197 Vol	$8^h46^m54^s$	—71° 6.'8	14^m	15^m	kurzperiodisch	16
S 6198 Vol	8 47 27	—68 58.5	15	16	RR Lyrae	
S 6199 Vol	8 48 17	—71 11.6	12	13	RR Lyrae	
S 6200 Vol	8 48 25	—65 55.0	13	13.5	RR Lyrae	
S 6201 Vol	8 51 46	—67 31.4	13	14	Algol	
S 6202 Vol	8 52 50	—69 59.5	10.5	11	kurzperiodisch	17
S 6203 Vol	8 52 55	—70 44.4	15.5	[17	U Geminorum	18
S 6204 Vol	8 55 49	—66 1.1	13.5	15	Algol	
S 6205 Vol	8 55 58	—65 5.3	16	[17	Mira	19
S 6206 Vol	8 58 23	—65 4.2	15	16.5	Algol	
S 6207 Vol	8 58 53	—68 4.3	15.5	16	Bedeckungsstern	
S 6208 Vol	8 59 12	—67 0.0	15	16.5	RR Lyrae	
S 6209 Vol	8 59 28	—68 6.0	16	17	RR Lyrae	
S 6210 Vol	9 1 9	—69 1.4	14	14.5	kurzperiodisch	20
S 6211 Vol	9 1 21	—65 54.3	14	15.5	langperiodisch	
S 6212 Vol	9 1 35	—65 38.5	15.5	16.5	kurzperiodisch	21
S 6213 Vol	9 1 43	—73 25.8	15	16	kurzperiodisch	
S 6214 Car	9 3 15	—67 5.2	14	14.5	langsam ver.	
S 6215 Car	9 3 22	—66 38.1	14	15	langsam ver.	
S 6216 Car	9 3 38	—72 37.8	15.5	17	kurzperiodisch	22
S 6217 Car	9 5 15	—65 22.6	14	17	Mira	23
S 6218 Car	9 6 28	—73 27.3	15	16	RR Lyrae	24
S 6219 Car	9 6 55	—65 38.4	14.5	15.5	RR Lyrae	
S 6220 Car	9 7 9	—72 23.7	14	14.5	unregelmäßig	25
S 6221 Car	9 8 24	—67 37.1	13.5	14	RR Lyrae	
S 6222 Car	9 8 35	—65 40.5	15	[17	Algol	
S 6223 Car	9 8 49	—65 33.0	14	14.5	Algol	
S 6224 Car	9 10 22	—71 56.2	12	13	langperiodisch	26
S 6225 Car	9 11 45	—67 27.2	14.5	15.5	kurzperiodisch	27
S 6226 Car	9 11 49	—68 2.6	13.5	15	RR Lyrae	
S 6227 Car	9 12 18	—69 46.1	14.5	15.5	RR Lyrae	
S 6228 Car	9 12 52	—65 37.6	15	16	RR Lyrae	28
S 6229 Car	9 13 57	—67 32.6	11	12	kurzperiodisch	
S 6230 Car	9 14 4	—68 49.2	14.5	15.5	RR Lyrae	
S 6231 Car	9 14 42	—67 53.4	16	17	kurzperiodisch	29
S 6232 Car	9 15 44	—67 11.7	15	16	kurzperiodisch	30
S 6233 Car	9 16 24	—67 23.8	16	17	RR Lyrae	
S 6234 Car	9 16 58	—67 54.9	14.5	17	langperiodisch	31
S 6235 Car	9 17 50	—73 0.1	15.5	16.5	RR Lyrae	
S 6236 Car	9 18 10	—66 16.9	14	15	langsam ver.	
S 6237 Car	9 19 19	—68 7.9	13	13.5	Bedeckungsstern ?	32
S 6238 Car	9 19 28	—67 33.0	15.5	17.5	langperiodisch	
S 6239 Car	9 20 16	—64 49.0	15.5	16.5	kurzperiodisch	33
S 6240 Car	9 20 38	—70 0.9	15.5	16	langsam ver.	
S 6241 Car	9 20 59	—69 2.9	14.5	15.5	RR Lyrae	
S 6242 Car	9 23 46	—70 41.1	15	16	RR Lyrae	
S 6243 Car	9 25 22	—69 58.1	14	15	RR Lyrae	
S 6244 Car	9 25 28	—70 5.1	14.5	15	langsam ver.	
S 6245 Car	9 26 12	—66 53.3	14	15	RR Lyrae	34
S 6246 Car	9 27 12	—69 32.1	14.5	15	RR Lyrae	
S 6247 Car	9 27 41	—69 20.2	16	17	RR Lyrae	

Bezeichnung	1875.0	1875.0	Größen		Art	Bem.
S 6248 Car	$9^h27^m50^s$	$-65°47'.2$	16^m	17^m	RR Lyrae	
S 6249 Car	9 28 40	—67 33.6	16	17	RR Lyrae	35
S 6250 Car	9 28 53	—65 17.7	11.5	12	kurzperiodisch	36
S 6251 Car	9 29 15	—67 34.9	14	15.5	RR Lyrae	
S 6252 Car	9 31 4	—65 27.8	12	12.5	Bedeckungsstern	
S 6253 Car	9 31 17	—68 23.8	13.5	14	Algol	
S 6254 Car	9 32 54	—65 12.0	14.5	15.5	Algol	37
S 6255 Car	9 34 54	—66 0.3	15	16.5	RR Lyrae	
S 6256 Car	9 35 2	—67 35.0	15	16.5	RR Lyrae	
S 6257 Car	9 35 2	—67 4.5	13.5	14	RR Lyrae	38
S 6258 Car	9 36 14	—71 21.3	13	14.5	Algol	
S 6259 Car	9 37 1	—70 8.2	15	15.5	Algol ?	39
S 6260 Car	9 39 32	—64 55.7	15	[16.5	Algol	
S 6261 Car	9 39 34	—65 11.1	13	14	kurzperiodisch	40
S 6262 Car	9 39 41	—69 31.0	14.5	15	RR Lyrae	
S 6263 Car	9 39 49	—68 16.2	15	16	RR Lyrae	
S 6264 Car	9 40 31	—70 33.6	14.5	15	mittellange Periode	
S 6265 Car	9 40 53	—65 29.8	14	14.5	langsam ver.	41
S 6266 Car	9 41 38	—71 32.4	14.5	15	langsam ver.	
S 6267 Car	9 42 22	—72 1.1	14.5	15.5	Algol	
S 6268 Car	9 42 23	—67 22.2	13	15	langperiodisch	42
S 6269 Car	9 42 24	—72 45.5	14.5	15	Algol	43
S 6270 Car	9 44 1	—66 14.2	15	15.5	Bedeckungsstern	
S 6271 Car	9 44 14	—70 59.1	14.5	15	Bedeckungsstern	44
S 6272 Car	9 45 13	—67 45.9	15	16	RR Lyrae	
S 6273 Car	9 47 53	—72 10.1	14	15.5	kurzperiodisch	45
S 6274 Car	9 48 2	—66 48.3	11	12	kurzperiodisch	46
S 6275 Car	9 48 13	—64 51.5	14	16	langperiodisch	
S 6276 Car	9 48 17	—66 51.0	10	10.5	Bedeckungsstern	47
S 6277 Car	9 49 23	—68 45.2	14	16	langperiodisch	
S 6278 Car	9 49 46	—67 22.2	15	16	Algol	
S 6279 Car	9 49 56	—65 12.3	13	13.5	Bedeckungsstern ?	48
S 6280 Car	9 50 12	—73 0.6	14	15	langsam ver.	
S 6281 Car	9 51 23	—67 58.5	14.5	15	Bedeckungsstern ?	49
S 6282 Car	9 51 55	—67 28.6	13.5	14.5	kurzperiodisch	
S 6283 Car	9 52 5	—68 18.2	15	15.5	Algol	
S 6284 Car	9 53 8	—72 2.8	16	17	RR Lyrae	50
S 6285 Car	9 53 33	—66 50.0	13.5	14.5	kurzperiodisch	
S 6286 Car	9 54 22	—66 25.9	13.5	14.5	RR Lyrae	
S 6287 Car	9 54 22	—66 34.6	13	13.5	langsam ver.	
S 6288 Car	9 54 48	—67 20.6	16	[17	Mira	51
S 6289 Car	9 55 5	—66 42.2	16	16.5	Bedeckungsstern ?	52
S 6290 Car	9 55 43	—67 53.2	14	14.5	Bedeckungsstern	53
S 6291 Car	9 55 55	—70 21.2	15	16	langsam ver.	
S 6292 Car	9 56 15	—67 47.6	12	12.5	Algol	
S 6293 Car	9 56 25	—71 53.9	12.5	13	kurzperiodisch	54
S 6294 Car	9 57 2	—71 43.3	15.5	16.5	RR Lyrae	
S 6295 Car	9 57 5	—68 19.7	15	15.5	langsam ver.	
S 6296 Car	9 57 38	—68 37.7	15	16	langsam ver.	
S 6297 Car	9 59 4	—70 40.6	13	13.5	kurzperiodisch	55
S 6298 Car	9 59 33	—69 30.4	15	—	langperiodisch	56

Bezeichnung	1875.0	1875.0	Größen	Art	Bem.
S 6299 Car	$10^h\ 0^m 39^s$	—68°56′.6	$14^m\ 15^m$	Algol	
S 6300 Car	10 2 1	—69 33.9	15 16	RR Lyrae	
S 6301 Car	10 3 32	—70 57.7	15 15.5	kurzperiodisch	57
S 6302 Car	10 3 42	—69 37.6	12.2 16.5	U Geminorum	58
S 6303 Car	10 8 20	—72 19.3	14 14.5	RR Lyrae	

Bemerkungen: 1. Raschwechselnd, auf 8—246 und 8—247 gefunden, nicht auf 10″-Feld. — 2. Vermutlich RRc-Art; rascher Bedeckungslichtwechsel jedoch nicht ausgeschlossen. — 3. Auf den Johannesburger Karten —70° Nr. 26 und —76° Nr. 18 ist der Stern unsichtbar, etwa [14^m. Unterschiede der photographischen Emulsionen können kaum vorliegen. — 4. Raschwechselnd. — 5. Dicht bei 32.1932. — 6. Wahrscheinlich δ Cephei-Stern. — 7. Nur 1 Minimum 1959 April 30. Sehr randnah, nur auf einem Teil der Platten. — 8. Hell auf 2 Platten 1959 Juni 3, Spur auf 2 Platten Juni 4, unsichtbar Juni 1 und 5 und auf allen anderen Platten. — 9. Rascher Lichtwechsel ist sicher, RR Lyrae-Art und Bedeckungslichtwechsel dürften ausgeschlossen sein. — 10. Minima selten. — 11. Wahrscheinlich RR Lyrae. — 12. CPD —71°740 ($10^m.0$), CoD —71°497 ($9^m.9$). — 13. Öfter hell als schwach, daher wahrscheinlich raschwechselnder Bedeckungsstern. — 14. Beim Ende der Beobachtungen 1959 Juli 9 wohl noch im Aufstieg. — 15. Südlich vorausgehendes Glied eines sehr engen Paares. — 16. Raschwechselnd, Bedeckungslichtwechsel möglich. — 17. Sehr wahrscheinlich raschwechselnder Bedeckungsstern. CPD —69°979 ($9^m.9$), nicht in CoD. — 18. Art nicht ganz sicher. — 19. Anfang Juli 1959 im Aufstieg. — 20. Kleine Amplitude; RR Lyrae-Art? — 21. Wahrscheinlich RR Lyrae-Art. — 22. Wahrscheinlich RR Lyrae-Art. — 23. Max. 243 6724. — 24. Dicht am Plattenrand. — 25. Anfang Mai 1959 heller als im Juni und Juli. Vielleicht mäßig rasche Änderungen. — 26. Maximum etwa 243 6730. — 27. Wahrscheinlich raschwechselnd, aber kaum Untertypus RRa. — 28. 3′.5 nördlich von RU Car. — 29. Wenige Maxima. RR Lyrae-Art? — 30. Stern 17^m sehr dicht folgend. — 31. Maximum im Juni 1959. Trotz des erheblichen Helligkeitsunterschieds wahrscheinlich identisch mit dem von Luyten als verdächtig bezeichneten Stern 33.1932 = HV 8194 (AN 245.211). — 32. Sehr kleine Amplitude. — 33. Wahrscheinlich Bedeckungsstern; randnah, nicht auf allen Platten. — 34. Stern 16^m sehr dicht südlich. — 35. Wahrscheinlich Untertypus RRb. — 36. Wahrscheinlich raschwechselnder Bedeckungsstern mit sehr kleiner Amplitude. — 37. Nahe bei S. 4916. — 38. sf Glied eines Paares. — 39. Schwierig, aber sehr wahrscheinlich in Ordnung. — 40. Wahrscheinlich raschwechselnder Bedeckungsstern. Stern 11^m nördlich vorausgehend. — 41. Sehr nahe bei E 1019 = S 4919. — 42. Maximum wahrscheinlich Mitte Mai 1959. — 43. Das einzige Minimum 1959 Juni 4 durch 2 Platten belegt. — 44. Schwierig, aber sicher. Möglicherweise enger Doppelstern. — 45. Wahrscheinlich RR Lyrae-Art. — 46. Wahrscheinlich Bedeckungsstern. — 47. CoD —66°789 ($9^m.5$), CPD —66° 1108 ($9^m.0$). — 48. Sehr kleine Amplitude. — 49. Etwas schwierig, kleine Amplitude. — 50. Schwach und randnah, aber augenscheinlich sicher. — 51. Maximum wohl nach Ende der Beobachtungen. — 52. Etwas schwieriger Fall. — 53. Könnte auch raschwechselnd-unperiodisch (RWs-Art) sein. — 54. Sehr wahrscheinlich raschwechselnder Bedekkungsstern. — 55. Bedeckungsstern mit kleiner Amplitude. — 56. Wahrscheinlich enges Paar, wovon die südliche Komponente stark veränderlich ist. Art unsicher. —

57. Wahrscheinlich Bedeckungsstern. — 58. Beobachtungen: 1959 Juni 5 $16^{m}_{.}3$, Juni 8 $12^{m}_{.}6$, Juni 9 $12^{m}_{.}5$, Juni 10 $12^{m}_{.}5$, Juni 11 $12^{m}_{.}2$, Juni 12 $12^{m}_{.}5$, Juni 22 $14^{m}_{.}6$, Juni 23 $15^{m}_{.}3$, Juni 26 $15^{m}_{.}8$, Juni 28 $15^{m}_{.}9$, Juli 9 $16^{m}_{.}2$; sehr randnah, nicht auf allen Platten des Feldes.

Feld ε Cha

Bezeichnung	1875.0	1875.0	Größen	Art	Bem.
S 6304 Cha	$10^h 11^m 42^s$	—79° 58′.6	14^m 15^m	RR Lyrae	
S 6305 Cha	10 16 3	—80 42.6	12 [16	Mira	1
S 6306 Cha	10 29 35	—80 30.1	13.5 14	RR Lyrae	2
S 6307 Cha	10 31 17	—79 12.0	13.5 14	kurzperiodisch	3
S 6308 Cha	10 32 33	—80 11.7	14 14.5	RR Lyrae	
S 6309 Cha	10 33 44	—77 20.2	14 15	langsam ver.	
S 6310 Cha	10 35 35	—78 45.7	14.5 15	kurzperiodisch	4
S 6311 Cha	10 35 40	—79 23.7	15 [17	U Geminorum	5
S 6312 Cha	10 37 6	—76 26.4	13.5 14.5	kurzperiodisch	6
S 6313 Cha	10 42 23	—78 0.1	15 15.5	Bedeckungsstern	7
S 6314 Cha	10 44 25	—81 40.2	14.5 15	Algol	
S 6315 Cha	10 45 35	—78 49.7	14 14.5	Bedeckungsstern	8
S 6316 Cha	10 48 1	—77 44.5	13.5 15	raschwechselnd	
S 6317 Cha	10 49 47	—79 26.7	14 [16.5	Mira	
S 6318 Cha	10 51 15	—79 1.4	14 15	Bedeckungsstern	
S 6319 Cha	10 51 45	—77 15.3	14.5 16	raschwechselnd	
S 6320 Cha	10 53 9	—76 44.7	16 17	raschwechselnd	
S 6321 Cha	10 53 34	—76 32.1	13 14	raschwechselnd	
S 6322 Cha	10 55 3	—74 10.0	13.5 [16.5	Mira	9
S 6323 Cha	10 55 13	—76 37.2	12 13	unregelmäßig	10
S 6324 Cha	10 55 30	—78 43.5	14 14.5	Algol	11
S 6325 Cha	10 55 33	—79 48.3	15.5 16.5	RR Lyrae	
S 6326 Cha	10 55 54	—76 42.8	13 14.5	raschwechselnd	
S 6327 Cha	10 55 55	—81 45.9	13.5 15	langperiodisch	12
S 6328 Car	10 57 10	—72 40.1	13 [16	Mira	13
S 6329 Cha	10 57 33	—79 16.3	15 17	langsam ver.	14
S 6330 Car	10 57 53	—73 32.3	14.5 [16.5	Mira	15
S 6331 Cha	10 58 26	—79 22.7	14.5 15	kurzperiodisch	16
S 6332 Car	10 59 25	—74 16.2	13 16	Algol	
S 6333 Cha	11 0 3	—80 44.6	14 14.5	Algol	
S 6334 Cha	11 0 22	—76 15.3	15.5 16	RW Aurigae-ähnlich	17
S 6335 Cha	11 1 46	—75 50.1	16 [17	raschwechselnd	
S 6336 Cha	11 2 12	—75 37.7	14.5 15.5	raschwechselnd	18
S 6337 Cha	11 3 9	—76 46.1	15.5 16.5	unregelmäßig	19
S 6338 Car	11 3 9	—72 33.3	13 15	langperiodisch	20
S 6339 Cha	11 3 15	—79 27.9	15 16	RR Lyrae	
S 6340 Cha	11 3 26	—76 38.5	16 17	RW Aurigae-ähnlich	21
S 6341 Cha	11 3 35	—75 51.9	16 [17	raschwechselnd	
S 6342 Cha	11 3 58	—76 11.7	14 15	raschwechselnd	
S 6343 Cha	11 4 27	—77 2.3	14 15	unregelmäßig	22
S 6344 Car	11 4 50	—74 40.7	14.5 16	Algol	
S 6345 Cha	11 5 4	—76 3.8	16 [17	raschwechselnd	
S 6346 Cha	11 5 19	—76 21.0	15 16	raschwechselnd	
S 6347 Cha	11 5 33	—75 42.7	13 15	RW Aurigae	23

Bezeichnung	1875.0	1875.0	Größen	Art	Bem.
S 6348 Cha	$11^h\ 6^m\ 9^s$	$-75^\circ 54'.4$	$13^m.5$ 16^m	unregelmäßig	24
S 6349 Cha	11 6 12	—76 56.9	14 15	unregelmäßig	25
S 6350 Cha	11 6 12	—79 59.7	14.5 15	Bedeckungsstern	
S 6351 Cha	11 6 20	—75 49.0	14 15	raschwechselnd	
S 6352 Cha	11 7 0	—75 53.1	15 16	raschwechselnd	
S 6353 Car	11 8 19	—74 26.3	14.5 16	RR Lyrae	
S 6354 Cha	11 8 23	—80 43.5	16 17	RR Lyrae	
S 6355 Car	11 12 53	—73 22.6	14.5 15.5	langsam ver.	
S 6356 Car	11 13 36	—73 53.9	13 14	Algol	26
S 6357 Cha	11 19 23	—75 13.6	14 15	langsam ver.	
S 6358 Mus	11 21 8	—73 55.5	14.5 15	kurzperiodisch	27
S 6359 Mus	11 21 50	—74 22.2	14 15	Algol	
S 6360 Mus	11 21 52	—73 57.4	16 [17	Algol	28
S 6361 Mus	11 22 8	—74 17.8	15.5 17	RR Lyrae	
S 6362 Cha	11 25 33	—77 26.0	13 13.5	raschwechselnd	29
S 6363 Mus	11 25 48	—74 23.8	15.5 16	Algol	
S 6364 Cha	11 28 32	—76 46.1	11 13	langperiodisch	
S 6365 Cha	11 31 2	—81 9.9	13.5 14	langsam ver.	
S 6366 Mus	11 31 34	—74 5.5	14 14.5	langsam ver.	
S 6367 Cha	11 33 26	—80 49.6	16 17	Algol	30
S 6368 Mus	11 33 40	—73 46.4	15 16	kurzperiodisch	31
S 6369 Cha	11 34 25	—81 58.1	14.5 15	kurzperiodisch	32
S 6370 Cha	11 35 48	—80 28.5	15 16	Algol	
S 6371 Cha	11 38 10	—78 12.5	15 16	Algol	
S 6372 Cha	11 38 20	—76 56.6	16 17	RR Lyrae	
S 6373 Cha	11 39 0	—79 30.2	14.5 15	unregelmäßig?	33
S 6374 Cha	11 40 58	—75 53.6	15 15.5	kurzperiodisch	34
S 6375 Mus	11 41 24	—74 30.8	14 15	langsam ver.	
S 6376 Cha	11 41 37	—75 55.5	9 9.5	langsam ver.	35
S 6377 Mus	11 42 15	—73 26.0	14.5 [16.5	Algol	36
S 6378 Cha	11 46 8	—76 2.5	15 16	langsam ver.	
S 6379 Mus	11 46 15	—74 30.6	13.5 14	langsam ver.	
S 6380 Cha	11 46 29	—79 4.4	16 [17	unregelmäßig	37
S 6381 Cha	11 47 27	—78 9.9	14.5 15.5	RR Lyrae	
S 6382 Cha	11 49 50	—76 37.9	16 17	RR Lyrae	
S 6383 Cha	11 51 35	—81 45.7	15 16	Algol	38
S 6384 Mus	11 53 51	—74 32.0	14 14.5	kurzperiodisch	39
S 6385 Cha	11 54 48	—79 4.3	12.5 13	langsam ver.	
S 6386 Cha	11 55 8	—77 33.3	15 15.5	raschwechselnd	40
S 6387 Cha	11 55 38	—76 31.0	15.5 16	RR Lyrae	
S 6388 Mus	11 57 24	—73 11.2	10.5 11	langsam ver.	41
S 6389 Mus	11 58 9	—73 48.2	15 17	Algol	
S 6390 Cha	11 58 37	—78 50.8	16 17	RR Lyrae	42
S 6391 Cha	12 0 46	—78 42.4	15 15.5	Bedeckungsstern	
S 6392 Cha	12 1 39	—81 53.9	14.5 [17	Mira	
S 6393 Cha	12 2 50	—77 59.0	14 15.5	raschwechselnd	43
S 6394 Mus	12 7 56	—74 53.0	14 15.5	RW Aurigae-Art	44
S 6395 Mus	12 7 58	—73 51.9	14 15	kurzperiodisch	45
S 6396 Cha	12 9 9	—75 28.8	15 17	RW Aurigae-Art	46
S 6397 Mus	12 12 37	—73 25.3	14 14.5	kurzperiodisch	47
S 6398 Mus	12 13 10	—73 31.4	16 [17	U Geminorum	48

Bezeichnung	1875.0	1875.0	Größen	Art	Bem.
S 6399 Mus	$12^h 15^m 1^s$	$-73^\circ 25'.0$	13^m 14^m	raschwechselnd	49
S 6400 Cha	12 17 3	—75 43.1	15.5 17	RR Lyrae	
S 6401 Cha	12 20 10	—78 27.3	13.5 14.5	unregelmäßig	50
S 6402 Mus	12 20 14	—74 20.4	14.5 15.5	Algol	
S 6403 Cha	12 21 51	—75 5.2	16 17	kurzperiodisch	51
S 6404 Cha	12 22 30	—76 4.3	14 15.5	Algol	
S 6405 Cha	12 24 36	—81 45.0	11 11.5	langsam ver.	52
S 6406 Mus	12 26 10	—73 14.5	14 15	RR Lyrae	
S 6407 Mus	12 28 10	—72 39.8	14 15	Algol	53
S 6408 Cha	12 28 39	—75 58.8	15.5 16	Algol	
S 6409 Cha	12 28 59	—76 34.2	15 [17	Mira	54
S 6410 Mus	12 29 41	—73 24.8	14 14.5	Bedeckungsstern	
S 6411 Mus	12 32 0	—74 38.0	14.5 15	Bedeckungsstern	
S 6412 Cha	12 32 29	—77 59.9	14.5 15	kurzperiodisch	55
S 6413 Mus	12 32 33	—73 27.0	15 [16.5	Algol	
S 6414 Cha	12 33 1	—77 45.4	15 [17	Mira	
S 6415 Cha	12 36 36	—76 39.2	16 [17	langsam ver.	56
S 6416 Cha	12 36 37	—77 35.2	15.5 17	langsam ver.	
S 6417 Mus	12 36 47	—73 48.6	14 14.5	Algol-ähnlich	57
S 6418 Cha	12 37 17	—78 2.1	16 17.5	RR Lyrae	
S 6419 Cha	12 40 3	—81 16.0	14 15	RR Lyrae	
S 6420 Cha	12 40 52	—80 37.6	15 15.5	langsam ver.	
S 6421 Cha	12 41 13	—77 15.2	13.5 14	kurzperiodisch	58
S 6422 Mus	12 48 1	—73 18.8	14 14.5	Algol	
S 6423 Mus	12 48 51	—74 13.4	12.5 13	kurzperiodisch	59
S 6424 Cha	12 50 35	—77 48.6	13 14.5	langsam ver.	60
S 6425 Cha	12 51 16	—80 1.0	13.5 14	Algol ?	61
S 6426 Cha	12 52 19	—79 4.5	11.5 12	kurzperiodisch	62
S 6427 Cha	12 52 33	—78 34.9	14 15	kurzperiodisch	63
S 6428 Cha	12 52 38	—77 11.0	13 15.5	RW Aurigae	
S 6429 Cha	12 53 0	—75 57.5	15 15.5	kurzperiodisch	64
S 6430 Cha	12 53 2	—75 22.6	13.5 14	langsam ver.	
S 6431 Cha	12 53 20	—79 46.6	15 15.5	kurzperiodisch	65
S 6432 Mus	12 54 14	—73 31.5	13.5 [16	langperiodisch	66
S 6433 Cha	12 54 24	—78 46.9	13.5 14	mittellange Periode	
S 6434 Mus	12 55 14	—74 30.4	12 12.5	Algol ?	67
S 6435 Cha	12 55 29	—80 43.5	16 16.5	Bedeckungsstern ?	68
S 6436 Cha	12 55 35	—76 16.4	14 14.5	Bedeckungsstern	
S 6437 Cha	12 55 44	—76 58.9	12.5 13	RW Aurigae-ähnlich	69
S 6438 Cha	12 56 11	—76 16.5	15 16	RR Lyrae	
S 6439 Cha	12 56 40	—76 27.0	13 13.5	mittellange Periode	
S 6440 Cha	12 57 2	—79 6.1	14.5 15	kurzperiodisch	70
S 6441 Cha	12 57 22	—79 44.3	16 [17	Algol	71
S 6442 Cha	12 57 26	—75 42.4	15 15.5	Algol	
S 6443 Cha	12 57 30	—76 50.1	15.5 17	unregelmäßig	72
S 6444 Mus	12 57 44	—74 6.7	15 15.5	kurzperiodisch ?	73
S 6445 Cha	12 58 24	—77 15.2	15 17	unregelmäßig	74
S 6446 Cha	13 3 59	—77 48.3	16 17	Algol ?	
S 6447 Cha	13 5 27	—78 33.7	14.5 15	Algol	
S 6448 Cha	13 7 24	—77 45.8	15 15.5	kurzperiodisch ?	75
S 6449 Cha	13 8 10	—76 37.3	14.5 [16	Mira	

Bezeichnung	1875.0	1875.0	Größen		Art	Bem.
S 6450 Cha	$13^h 11^m 57^s$	$-79°36'.7$	15^m	$15^m.5$	mittellange Periode	
S 6451 Cha	13 13 7	−77 11.7	14	15	unregelmäßig	76
S 6452 Cha	13 13 40	−78 44.9	16	17	Bedeckungsstern	
S 6453 Cha	13 14 44	−79 33.2	14	15	RR Lyrae	
S 6454 Cha	13 15 16	−77 48.6	14.5	16	RR Lyrae	
S 6455 Cha	13 16 15	−78 40.3	16.5	17	Bedeckungsstern	
S 6456 Cha	13 24 30	−78 55.0	14	14.5	langsam ver.	
S 6457 Cha	13 30 23	−79 9.3	13.5	[16.5	Mira	77

Bemerkungen: 1. Maximum im August 1959. — 2. Raschwechselnd, etwa ebenso oft hell wie schwach, daher RRb oder c. — 3. Raschwechselnd, wahrscheinlich Bedeckungsstern. — 4. Wahrscheinlich raschwechselnder Bedeckungsstern. — 5. Maxima sehr kurz, 1959 Juni 24 hell, Juni 23 und 26 etwa 17^m, Juni 28 unsichtbar. — 6. Wahrscheinlich Bedeckungsstern. — 7. Kleine Amplitude. — 8. Dicht südlich von 130.1934. — 9. Hell auf Johannesburger Karte —76° Nr. 22. — 10. Überwiegend hell. — 11. Kleine Amplitude. — 12. P etwa 100^d. — 13. Maximum Ende April 1959. Sehr randnah, nicht auf allen Platten, sichtbar auf Joh. Karte — 70° Nr. 34. — 14. Vielleicht langperiodisch. — 15. Maximum Ende April 1959 oder etwas früher. — 16. Wahrscheinlich RR Lyrae-Art. — 17. Öfter hell als schwach; kleine Amplitude. — 18. RR Lyrae. — 19. Lichtwechsel mäßig lebhaft. — 20. Maximum Ende April 1959. Nur auf wenigen Platten, da zu weit nördlich. Nahe Max. auf Joh. Karte —70° Nr. 34. — 21. Gehört vielleicht zu der algolähnlichen Variante des RWs-Typus. — 22. Zeitweise rascher Lichtwechsel. — 23. Zeitweise rasche Änderungen. — 24. Lichtwechsel mäßig rasch; der Stern steht in dem Nebel um CPD —75°714 ($8^m.6$). — 25. Zeitweise rascher Lichtwechsel. — 26. Minima selten. — 27. Wahrscheinlich raschwechselnder Bedeckungsstern; kleine Amplitude. — 28. Trotz Lichtschwäche ganz sicher. — 29. Sehr kleine Amplitude. Gegen periodischen Lichtwechsel spricht die Seltenheit der Erhellungen. — 30. Sicher. — 31. Öfter hell als schwach, wahrscheinlich Bedeckungsstern. — 32. Wahrscheinlich RRc-Stern. — 33. Raschwechselnd, periodischer Lichtwechsel nicht ausgeschlossen, aber wenig wahrscheinlich. — 34. Bedeckungsstern? — 35. CoD —75°552 ($7^m.6$), CPD —75°754 ($8^m.6$), HDC 102506 Sp. Mb. — 36. Nahe bei 157.1933, Identität jedoch kaum anzunehmen, da $\triangle\alpha \cdot \cos\delta = 7'$. — 37. Wahrscheinlich rascher Lichtwechsel, etwas öfter hell als schwach. — 38. Minima selten. — 39. Wahrscheinlich Bedeckungsstern. — 40. Wahrscheinlich unperiodisch. RR Lyrae-Art ist unwahrscheinlich, wenn nicht etwa ein Fall mit ultrakurzer Periode vorliegt. — 41. CoD —73°715 ($9^m.6$), CPD —73°925 ($9^m.6$). — 42. Dicht bei CPD —78°720 ($9^m.4$). — 43. RR Lyrae-Art nicht ausgeschlossen, aber wahrscheinlich unperiodisch, da am Rande einer Dunkelwolke stehend. — 44. Von April bis Juli 1959 relativ langsamer Lichtwechsel, aber wahrscheinlich RW Aurigae-Art. — 45. Wahrscheinlich Bedeckungsstern. — 46. Ende April und Anfang Mai 1959 rasche Änderungen, später langsam veränderlich. — 47. Vermutlich Bedeckungsstern. — 48. Art unsicher; mehrmals für wenige Tage sichtbar. — 49. RR Lyrae-Art oder RW Aurigae. Am Rande einer kleinen Dunkelwolke. — 50. Von April 25 bis Juli 26, 1959 nur sehr geringe Änderung, im letzten Augustdrittel hell. — 51. Wahrscheinlich RR Lyrae-Art. — 52. CoD —81°464 ($9^m.7$), CPD —81°576 ($10^m.0$). — 53. nf Glied eines engen Paares, nur auf wenigen Platten, da zu weit nördlich. — 54. Wahrscheinlich identisch mit 188.1933, entdeckt von LUYTEN, jedoch 4′ Unterschied in Deklination. — 55. RR Lyrae-Art möglich, jedoch RRa unwahrscheinlich. — 56. Vielleicht Mirastern, jedoch in verdunkelter Gegend. — 57. Möglicherweise Algolstern, jedoch ist das Entdeckungsminimum ungewöhnlich lang (Mai 31, Juni 1, 1959, 3 Platten), und anscheinend kommen auch geringe Erhebungen über das Normallicht vor. — 58. Könnte ein δ Cephei-Stern mit $P = 12^d$ sein, falls nicht eine Scheinperiode vorliegt. — 59. Sehr kleine Amplitude, wahrscheinlich Bedeckungsstern. — 60. Am Rande einer Dunkelwolke. — 61. Bisher nur 1 Minimum, 1959 Mai 4, aber augenscheinlich sicher. — 62. Wahrscheinlich RR Lyrae-Art. — 63. Wahrscheinlich raschwechselnder Bedeckungsstern. — 64. Wahrscheinlich Bedeckungsstern. — 65. RR Lyrae-Art? — 66. Wohl Miraart, langes Maximum. — 67. Sehr kleine Amplitude, aber augenscheinlich sicher. CoD —74°751 ($10^m_.0$), CPD —74°1011 ($9^m_.6$). — 68. Kleine Amplitude. — 69. In einer Dunkelwolke. — 70. Wahrscheinlich RRc-Stern. — 71. Nur 1 Minimum 1959 Juni 5, scheint aber sicher. — 72. In Dunkelwolke, zeitweise mäßig rasche Änderungen. — 73. Offenbar Bedeckungsstern; schwierig, da sehr randnah. — 74. Zeitweise starke Änderungen innerhalb einiger Tage, vielleicht U Gem-ähnlich. — 75. Nachbarstern stört. — 76. Mäßig lange Stillstände werden von Zeiten lebhaften Lichtwechsels abgelöst. — 77. Maximum Anfang Mai 1959.

Feld α Eri

Bezeichnung	1875.0	1875.0	Größen	Art	Bem.
S 6458 Tuc	$1^h\ 2^m 55^s$	—60° 5′.7	15^m $15^m_.5$	RR Lyrae	
S 6459 Tuc	1 3 28	—61 4.0	15 15.5	kurzperiodisch	1
S 6460 Phe	1 5 29	—55 15.2	14 15	langsam ver.	2
S 6461 Tuc	1 5 54	—60 59.2	13.5 15	Algol	
S 6462 Phe	1 9 7	—53 49.3	13.5 14	RR Lyrae	
S 6463 Tuc	1 16 30	—58 49.0	15 16	RR Lyrae	
S 6464 Eri	1 23 1	—57 40.2	15 15.5	RR Lyrae	
S 6465 Hyi	1 26 19	—60 13.8	12 13	kurzperiodisch	3
S 6466 Eri	1 31 54	—54 33.0	15 16	RR Lyrae	
S 6467 Eri	1 32 16	—55 50.5	14.5 15.5	RR Lyrae	
S 6468 Eri	1 32 16	—56 10.6	15.5 16	RR Lyrae	
S 6469 Hyi	1 33 25	—60 53.9	14.5 15	Algol ?	4
S 6470 Eri	1 53 58	—54 16.8	14.5 15	Bedeckungsstern	
S 6471 Eri	1 54 6	—54 8.0	9.5 10.5	Algol	5
S 6472 Eri	1 55 45	—56 10.9	14 15	RR Lyrae	
S 6473 Eri	1 59 38	—57 43.4	14.5 15	RR Lyrae	
S 6474 Hyi	2 2 50	—60 10.2	14.5 [16.5	Mira	
S 6475 Eri	2 3 26	—58 27.6	10 10.5	kurzperiodisch	6
S 6476 Hyi	2 3 53	—61 52.2	14 15	kurzperiodisch	7
S 6477 Eri	2 5 38	—58 12.5	14.5 15.5	RR Lyrae	
S 6478 Eri	2 5 40	—56 49.5	14 15	RR Lyrae	
S 6479 Hyi	2 7 10	—58 49.2	13 14	RR Lyrae	

Bemerkungen: 1. Bedeckungsstern? — 2. Mittellange Periode? — 3. Wahrscheinlich Bedeckungsstern. — 4. Wegen geringer Anzahl der Platten nicht zu bestätigen. — 5. CoD —54°415 ($9^m_.1$), CPD —54°401 ($9^m_.2$), HDC 12241 Sp. Go. — 6. Kleine Amplitude, Bedeckungsstern? CoD —58°432 (10^m), CPD —58°195 ($9^m_.9$). — 7. RR Lyrae-Art?

Feld β Gru

Bezeichnung	1875.0	1875.0	Größen	Art	Bem.
S 6480 Gru	$22^h\ 8^m 43^s$	—49°11′.9	$15^m.5$ [$16^m.5$	langperiodisch	1
S 6481 Gru	22 9 52	—50 15.6	13.5 14	RR Lyrae	
S 6482 Gru	22 11 22	—48 39.5	10 11	langsam ver.	2
S 6483 Gru	22 12 7	—48 19.7	13.5 14	Algol	
S 6484 Gru	22 13 35	—44 41.1	14.5 15	Bedeckungsstern	
S 6485 Gru	22 17 50	—46 48.9	14 14.5	RR Lyrae	
S 6486 Gru	22 19 44	—50 16.4	13.5 14.5	RR Lyrae	
S 6487 Gru	22 21 25	—50 25.7	14 14.5	raschwechselnd	3
S 6488 Gru	22 21 30	—44 6.8	12.5 [16.5	Mira	
S 6489 Gru	22 21 57	—49 39.0	14 15	RR Lyrae	
S 6490 Gru	22 24 56	—47 32.3	13.5 [16.5	Mira	
S 6491 Gru	22 25 6	—48 21.4	12 12.5	Algol?	4
S 6492 Gru	22 26 11	—50 51.1	14.5 16	RW Aurigae	5
S 6493 Gru	22 27 39	—45 56.1	16 16.5	Bedeckungsstern	
S 6494 Gru	22 29 35	—47 50.4	14 15	RR Lyrae	
S 6495 Gru	22 32 0	—46 14.8	14.5 15	kurzperiodisch	6
S 6496 Gru	22 34 39	—45 12.1	15 16	RR Lyrae	
S 6497 Gru	22 35 23	—46 44.8	15.5 16	RR Lyrae	
S 6498 Gru	22 37 21	—48 49.9	11 11.5	raschwechselnd	7
S 6499 Gru	22 37 27	—50 45.1	15 16.5	RR Lyrae	
S 6500 Gru	22 38 40	—50 40.2	15 15.5	Algol	
S 6501 Gru	22 39 56	—51 15.5	14.5 15	Bedeckungsstern	8
S 6502 Gru	22 41 14	—51 39.4	13 14	Bedeckungsstern	9
S 6503 Gru	22 41 46	—45 34.2	16 16.5	RR Lyrae	
S 6504 Gru	22 42 33	—48 12.1	14 15	Algol	
S 6505 Gru	22 42 35	—47 1.8	13.5 14	RR Lyrae	
S 6506 Gru	22 43 24	—45 19.8	13.5 14	kurzperiodisch	10
S 6507 Gru	22 43 41	—47 59.1	16 17	RR Lyrae	
S 6508 Gru	22 44 18	—51 9.8	14.5 15.5	RR Lyrae	
S 6509 Gru	22 45 4	—49 49.4	14 14.5	kurzperiodisch	11
S 6510 Gru	22 45 47	—45 12.9	15 16	RR Lyrae	
S 6511 Gru	22 49 10	—48 2.1	12.5 13	Algol	
S 6512 Gru	22 49 39	—49 29.3	12 12.5	mittellange Periode	12
S 6513 Gru	22 51 14	—44 5.6	15.5 16	Bedeckungsstern?	
S 6514 Gru	22 51 22	—45 53.5	16 17	RR Lyrae	
S 6515 Gru	22 51 56	—50 37.2	14 15	RR Lyrae	
S 6516 Gru	22 52 8	—44 29.6	14 15	RR Lyrae	13
S 6517 Gru	22 54 12	—45 7.9	15 15.5	unregelmäßig?	14
S 6518 Gru	22 56 45	—49 31.4	15 16	langperiodisch	
S 6519 Gru	22 57 42	—45 51.6	13.5 14	Bedeckungsstern	15
S 6520 Gru	22 57 55	—44 36.6	12 12.5	Algol	
S 6521 Gru	22 58 36	—48 54.0	15 15.5	RR Lyrae	
S 6522 Gru	22 58 39	—47 24.1	16 17	RR Lyrae	16
S 6523 Gru	22 59 53	—44 35.2	13 13.5	Bedeckungsstern	17
S 6524 Gru	23 0 39	—50 27.6	15 15.5	kurzperiodisch	18
S 6525 Gru	23 0 43	—50 7.4	14 14.5	Bedeckungsstern	
S 6526 Gru	23 0 46	—48 5.5	14 [16	RW Aurigae	19
S 6527 Gru	23 0 59	—49 3.3	13.5 14.5	RR Lyrae	

Bemerkungen: 1. Wahrscheinlich Miraart. — 2. CoD —48°14181 ($8^m.5$), CPD —48°10736 ($9^m.0$), HDC 211587 Sp. Ma. — 3. Wahrscheinlich Bedeckungsstern; Amplitude auf den Platten nicht größer als $0^m.2$. — 4. Schwierig, da enges Paar. Wahrscheinlich ist der südliche Stern veränderlich. — 5. Von Ende Juni bis Oktober 6, 1959, schwach und kaum veränderlich. In der ersten Junihälfte vorwiegend hell mit zeitweilig starkem Wechsel in Stunden. — 6. RR Lyrae-Art? — 7. Sehr kleine Amplitude, wahrscheinlich Bedeckungsstern. — 8. Sehr kleine Amplitude. — 9. Offenbar raschwechselnder β Lyrae-Stern. — 10. Wahrscheinlich RR Lyrae-Art. — 11. Wahrscheinlich RR Lyrae-Art. — 12. Wahrscheinlich δ Cephei-Stern. — 13. Südlich vorangehender Stern eines engen Paares. — 14. Schwierig; wahrscheinlich raschverlaufende geringe Erhellungen. — 15. β Lyrae-Art, Periode wenige Stunden. — 16. Etwas schwierig, aber wahrscheinlich in Ordnung. — 17. Kleine Amplitude. — 18. Wahrscheinlich RR Lyrae-Art. — 19. Offenbar lange Stillstände bei $15^m.5$; U Gem-artige Erhellungen.

Feld *l* Hya

Bezeichnung	1875.0	1875.0	Größen	Art	Bem.
S 6528 Cen	$13^h56^m12^s$	—31°33′.2	15^m $15^m.5$	kurzperiodisch	1
S 6529 Cen	14 1 53	—32 17.6	13 13.5	Algol	
S 6530 Cen	14 2 6	—29 46.9	14.5 15	kurzperiodisch	2
S 6531 Hya	14 3 8	—29 11.5	15 16	RR Lyrae	
S 6532 Cen	14 3 14	—31 41.9	13 14	RR Lyrae	
S 6533 Hya	14 3 46	—29 29.1	15 16.5	kurzperiodisch	3
S 6534 Cen	14 4 11	—30 49.2	15 16	langsam ver.	
S 6535 Cen	14 4 19	—29 42.6	14 16	raschwechselnd	4
S 6536 Cen	14 4 23	—33 18.1	14 15	RR Lyrae	
S 6537 Cen	14 4 54	—30 27.8	13.5 14.5	langsam ver.	5
S 6538 Hya	14 5 39	—26 52.7	13 14	kurzperiodisch	6
S 6539 Hya	14 7 11	—26 18.1	13.5 14	kurzperiodisch	7
S 6540 Hya	14 7 40	—27 45.7	15 16	RR Lyrae	
S 6541 Hya	14 8 0	—28 55.4	15 16.5	RR Lyrae	8
S 6542 Cen	14 8 32	—29 35.8	14 14.5	Bedeckungsstern	9
S 6543 Hya	14 8 33	—25 4.3	12.5 13.5	RR Lyrae	
S 6544 Cen	14 8 54	—32 58.2	15 15.5	kurzperiodisch	10
S 6545 Hya	14 9 20	—29 7.0	12 13	langsam ver.	11
S 6546 Cen	14 9 40	—31 31.1	15 16	RR Lyrae	
S 6547 Hya	14 10 35	—27 27.4	13 14.5	raschwechselnd	12
S 6548 Cen	14 10 40	—31 57.9	14 14.5	RR Lyrae	
S 6549 Cen	14 11 7	—30 34.6	13 13.5	Algol	
S 6550 Hya	14 11 32	—29 29.8	15 16	langsam ver.	13
S 6551 Hya	14 11 36	—25 9.6	14.5 15	kurzperiodisch	14
S 6552 Cen	14 12 24	—29 53.3	14 14.5	kurzperiodisch	15
S 6553 Hya	14 12 38	—25 10.2	14 14.5	langsam ver.	16
S 6554 Hya	14 13 35	—27 40.6	15 16	langsam ver.	17
S 6555 Cen	14 14 33	—31 32.4	15 16	RR Lyrae	
S 6556 Hya	14 14 34	—28 29.4	13.5 14	raschwechselnd	18
S 6557 Cen	14 14 39	—31 8.0	14.5 16.5	Algol	
S 6558 Cen	14 14 51	—31 35.6	14 14.5	kurzperiodisch	19
S 6559 Cen	14 15 38	—29 47.4	15 16	RR Lyrae	
S 6560 Cen	14 16 13	—30 54.3	11 12	Bedeckungsstern	

Bezeichnung	1875.0	1875.0	Größen	Art	Bem.
S 6561 Cen	$14^h16^m14^s$	$-32^\circ\ 9'.2$	$14^m.5$ 15^m	kurzperiodisch	20
S 6562 Cen	14 18 3	—31 26.5	15 16	RR Lyrae	
S 6563 Cen	14 18 25	—31 50.4	14 14.5	kurzperiodisch	21
S 6564 Cen	14 18 49	—29 51.0	13.5 14	RR Lyrae	
S 6565 Hya	14 19 36	—25 42.8	13 14	RR Lyrae	22
S 6566 Cen	14 19 41	—31 56.3	13.5 14	Algol	
S 6567 Hya	14 20 7	—27 44.3	14.5 16	RR Lyrae	
S 6568 Cen	14 20 8	—33 37.8	14.5 15.5	kurzperiodisch	23
S 6569 Hya	14 20 19	—26 7.0	14 16	Mira	
S 6570 Cen	14 20 33	—32 55.0	14 15	RR Lyrae	
S 6571 Cen	14 20 40	—32 57.9	14 15	RR Lyrae	
S 6572 Cen	14 21 22	—29 49.1	15.5 16.5	RR Lyrae	
S 6573 Hya	14 21 37	—29 21.6	14 15	RR Lyrae	
S 6574 Cen	14 22 29	—30 27.4	13 14	Algol	
S 6575 Hya	14 23 9	—24 50.8	13.5 14	RR Lyrae	
S 6576 Hya	14 23 23	—25 19.2	14 16	RR Lyrae	24
S 6577 Cen	14 23 39	—32 2.5	13 14.5	RR Lyrae	
S 6578 Hya	14 25 13	—27 40.5	14.5 16	RR Lyrae	
S 6579 Cen	14 25 31	—30 40.1	13.5 14	kurzperiodisch	25
S 6580 Hya	14 25 31	—26 12.6	12 13.5	raschwechselnd	26
S 6581 Cen	14 25 42	—32 58.5	15 16	RR Lyrae	
S 6582 Cen	14 26 36	—31 16.3	15.5 16	Bedeckungsstern ?	
S 6583 Cen	14 26 49	—29 34.2	13.5 15	RR Lyrae	
S 6584 Cen	14 27 0	—30 56.3	13.5 15	RR Lyrae	
S 6585 Cen	14 27 50	—30 2.5	13.5 14.5	RR Lyrae	
S 6586 Cen	14 29 49	—31 24.2	13.5 14	RR Lyrae	27
S 6587 Hya	14 30 15	—29 25.9	14 14.5	kurzperiodisch	28
S 6588 Cen	14 30 58	—32 13.5	15 16	RR Lyrae	
S 6589 Hya	14 31 53	—27 59.6	14 15	RR Lyrae	
S 6590 Cen	14 31 56	—33 18.8	13 13.5	kurzperiodisch	29
S 6591 Cen	14 32 26	—31 0.4	15 16	RR Lyrae	
S 6592 Hya	14 35 17	—27 35.6	13.5 14	RR Lyrae	
S 6593 Cen	14 35 44	—33 7.9	14 15	RR Lyrae	
S 6594 Hya	14 35 58	—24 46.6	13.5 14.5	RR Lyrae	
S 6595 Hya	14 36 23	—27 16.0	15.5 16	RR Lyrae	30
S 6596 Hya	14 36 43	—27 59.0	14.5 15	RR Lyrae	
S 6597 Hya	14 36 44	—28 19.1	14 14.5	RR Lyrae	
S 6598 Hya	14 38 7	—27 30.0	14 14.5	RR Lyrae	31
S 6599 Hya	14 38 35	—28 19.5	12 13	RR Lyrae	
S 6600 Hya	14 40 18	—26 15.2	13 14	RR Lyrae	

Bemerkungen: 1. RR Lyrae-Art ? Außerhalb des normalen Feldes. — 2. RR Lyrae-Art ? — 3. RR Lyrae-Art ? — 4. RR Lyrae-Art ? — 5. Rötlich. — 6. RR Lyrae-Art ? — 7. Wahrscheinlich Bedeckungsstern. — 8. Der Befund auf den wenigen Platten ist auch mit langsamem Lichtwechsel vereinbar, jedoch ist der Stern nicht rot. — 9. Kleine Amplitude. — 10. RR Lyrae-Art ? — 11. Nach Palomar-Karte rot. — 12. RR Lyrae-Stern ? — 13. Rötlich. — 14. Wahrscheinlich Bedeckungsstern. — 15. Bedeckungsstern ? — 16. Nach Palomar-Karte nicht merklich gefärbt. — 17. Nach Palomar-Karte nicht merklich gefärbt. Trotz der geringen Anzahl der Platten scheint die Artbestimmung sicher. — 18. Wahrscheinlich Bedeckungsstern, kleine

Amplitude. — 19. Bedeckungsstern? —20. Bedeckungsstern? — 21. Wahrscheinlich RR Lyrae-Stern, Untertypus c. — 22. δ Cephei-Art nicht ganz auszuschließen. — 23. RR Lyrae-Art? Nur auf wenigen Platten, sehr randnah. — 24. U Gem-Art nicht ganz ausgeschlossen. — 25. Wahrscheinlich raschwechselnder Bedeckungsstern. — 26. Die wenigen Beobachtungen deuten auf RW Aur-Art, doch ist RR Lyrae-Art nicht ganz auszuschließen. — 27. Wahrscheinlich Untertypus c, Art aber unsicher. — 28. RR Lyrae, Untertypus c? — 29. Raschwechselnder Bedeckungsstern? — 30. Art unsicher. — 31. Art unsicher.

Feld β Hyi

Bezeichnung	1875.0	1875.0	Größen	Art	Bem.
S 6601 Oct	$22^h55^m27^s$	$-79°\ 7'.2$	16^m $16^m.5$	kurzperiodisch	1
S 6602 Oct	22 58 15	—78 4.9	15.5 16	Bedeckungsstern?	2
S 6603 Oct	22 59 27	—77 51.9	14.5 15	RR Lyrae	3
S 6604 Oct	23 1 37	—78 15.5	15 15.5	kurzperiodisch	4
S 6605 Oct	23 2 20	—79 41.8	14.5 15	Bedeckungsstern?	5
S 6606 Oct	23 4 18	—80 31.2	14.5 15	kurzperiodisch	6
S 6607 Oct	23 4 24	—78 3.8	13.5 14.5	RR Lyrae	
S 6608 Oct	23 7 11	—75 28.1	14.5 15	RR Lyrae	
S 6609 Oct	23 7 20	—79 58.7	14.5 15	Algol	
S 6610 Oct	23 11 7	—81 10.9	16 17	RR Lyrae	
S 6611 Oct	23 16 51	—77 10.3	15 16	RR Lyrae	
S 6612 Ind	23 16 53	—74 34.7	15.5 16	kurzperiodisch	7
S 6613 Oct	23 19 36	—76 22.0	14 15.5	RW Aurigae-ähnlich	8
S 6614 Oct	23 21 39	—76 4.1	15 16.5	RW Aurigae-ähnlich	9
S 6615 Tuc	23 21 50	—73 14.0	13 14	RR Lyrae	
S 6616 Tuc	23 23 50	—74 0.8	15 15.5	RR Lyrae	
S 6617 Tuc	23 24 7	—73 53.4	15 15.5	Bedeckungsstern	
S 6618 Oct	23 25 17	—76 8.2	15 15.5	RW Aurigae-ähnlich	10
S 6619 Oct	23 26 7	—81 47.5	15 15.5	Bedeckungsstern?	11
S 6620 Oct	23 28 41	—76 51.0	16 17	RR Lyrae	
S 6621 Tuc	23 30 0	—74 28.5	16 17	RR Lyrae?	12
S 6622 Tuc	23 31 4	—74 36.0	14.5 15.5	RR Lyrae	
S 6623 Tuc	23 32 32	—74 58.1	14.5 15.5	RR Lyrae	
S 6624 Oct	23 34 58	—75 56.7	16 17	RR Lyrae	
S 6625 Tuc	23 35 45	—74 49.5	15.5 16.5	RR Lyrae	
S 6626 Tuc	23 36 27	—74 12.3	15 15.5	raschwechselnd	13
S 6627 Oct	23 36 31	—80 11.7	16 17	Bedeckungsstern	
S 6628 Oct	23 46 22	—75 11.5	15.5 16	Bedeckungsstern	14
S 6629 Oct	23 46 56	—75 12.9	16 17	Algol?	
S 6630 Tuc	23 52 17	—74 28.3	16 16.5	RR Lyrae?	
S 6631 Tuc	23 53 52	—73 28.3	14.5 15.5	RR Lyrae	
S 6632 Oct	23 53 59	—81 5.9	15.5 16.5	Bedeckungsstern	
S 6633 Oct	23 54 7	—78 0.7	15.5 [17	U Geminorum	15
S 6634 Oct	23 54 55	—75 41.5	16 17	RR Lyrae	
S 6635 Oct	23 56 10	—80 33.1	16 17	RR Lyrae	
S 6636 Hyi	0 0 13	—79 16.1	16 16.5	Bedeckungsstern	
S 6637 Hyi	0 1 8	—75 9.9	16 17	RW Aurigae-ähnlich	16
S 6638 Hyi	0 8 13	—80 32.6	16 16.5	RR Lyrae	
S 6639 Hyi	0 9 2	—78 59.8	16 17	Bedeckungsstern?	
S 6640 Tuc	0 11 24	—74 47.4	15.5 16	RR Lyrae	

Bezeichnung	1875.0	1875.0	Größen	Art	Bem.
S 6641 Tuc	$0^h12^m47^s$	$-74°58'.5$	$15^m.5$ 16^m	δ Cephei	17
S 6642 Hyi	0 13 22	—77 56.4	16 17	RR Lyrae	
S 6643 Tuc	0 16 9	—74 16.7	15 15.5	RR Lyrae	
S 6644 Tuc	0 17 3	—74 12.4	16 17	RR Lyrae	
S 6645 Hyi	0 17 14	—78 21.1	15.5 17	langperiodisch	
S 6646 Tuc	0 17 18	—74 19.0	16 17	δ Cephei	18
S 6647 Tuc	0 17 28	—74 13.0	15.5 16.5	RR Lyrae	
S 6648 Tuc	0 19 0	—73 59.7	16 17	RR Lyrae	19
S 6649 Hyi	0 19 4	—78 3.9	14.5 15.5	RR Lyrae	
S 6650 Tuc	0 20 13	—74 0.4	15 16.5	RR Lyrae	20
S 6651 Tuc	0 20 38	—74 56.1	15 16	RR Lyrae	21
S 6652 Hyi	0 22 1	—80 15.2	14 14.5	langsam ver.	22
S 6653 Hyi	0 22 45	—80 22.7	16.5 17.5	RR Lyrae ?	23
S 6654 Hyi	0 34 26	—77 39.4	11.5 12.5	Algol	
S 6655 Tuc	0 37 21	—73 38.3	16 16.5	RR Lyrae	24
S 6656 Hyi	0 38 5	—80 23.4	16 17	RR Lyrae	
S 6657 Tuc	0 39 4	—74 52.0	14.5 16	δ Cephei	25
S 6658 Hyi	0 42 31	—76 5.8	15.5 16.5	raschwechselnd	26
S 6659 Hyi	0 43 36	—75 56.8	14.5 15.5	RR Lyrae	
S 6660 Hyi	0 44 21	—80 51.6	14.5 15.5	RR Lyrae	
S 6661 Hyi	0 45 22	—76 45.2	15 15.5	RR Lyrae	
S 6662 Tuc	0 48 56	—75 40.8	15.5 16.5	RR Lyrae	27
S 6663 Tuc	0 52 7	—74 54.6	15 16	δ Cephei	28
S 6664 Hyi	0 52 10	—80 22.6	15 15.5	langsam ver.	
S 6665 Hyi	0 55 37	—78 34.9	15 16	RR Lyrae	
S 6666 Tuc	1 1 19	—74 52.7	13.5 14.5	δ Cephei	29
S 6667 Tuc	1 2 48	—74 46.7	15 16	δ Cephei	30
S 6668 Tuc	1 3 4	—74 20.0	14.5 15.5	δ Cephei	31
S 6669 Tuc	1 4 13	—74 24.3	14.5 15.5	δ Cephei	32
S 6670 Tuc	1 9 31	—75 2.2	14.5 15.5	RR Lyrae	
S 6671 Hyi	1 11 42	—77 55.7	15 15.5	RR Lyrae	
S 6672 Tuc	1 13 8	—73 20.1	14.5 16	Algol	33
S 6673 Tuc	1 13 41	—74 22.8	13.5 15.5	U Geminorum-ähnlich	34
S 6674 Tuc	1 15 0	—74 17.4	13.5 14.5	δ Cephei	35
S 6675 Tuc	1 15 13	—75 51.1	15 16	RR Lyrae	
S 6676 Tuc	1 15 33	—73 29.0	15.5 16.5	raschwechselnd	36
S 6677 Tuc	1 16 46	—73 33.6	13.5 14.5	δ Cephei	37
S 6678 Tuc	1 16 50	—74 40.4	14.5 15.5	δ Cephei	38
S 6679 Hyi	1 20 13	—75 1.4	15 15.5	δ Cephei	39
S 6680 Hyi	1 21 37	—74 55.1	14.5 15.5	δ Cephei	40
S 6681 Hyi	1 22 13	—79 2.4	14.5 15	langsam ver.	
S 6682 Hyi	1 23 36	—74 46.8	14 15.5	δ Cephei	41
S 6683 Hyi	1 24 18	—74 27.7	14.5 15.5	δ Cephei	42
S 6684 Hyi	1 25 54	—74 25.6	13.5 14.5	δ Cephei	43
S 6685 Hyi	1 27 37	—77 31.8	16 16.5	Bedeckungsstern ?	
S 6686 Hyi	1 31 39	—79 58.2	14 15	RR Lyrae	
S 6687 Hyi	1 34 38	—77 49.7	15.5 16	Bedeckungsstern	
S 6688 Hyi	1 36 30	—79 35.2	15.5 16	kurzperiodisch	44
S 6689 Hyi	1 52 32	—78 57.0	15.5 17	raschwechselnd	45
S 6690 Hyi	2 0 4	—81 31.8	14 15.5	Flare Star ?	46
S 6691 Hyi	2 5 7	—80 13.7	15.5 16	Bedeckungsstern	

Bemerkungen: 1. RR Lyrae ? — 2. Sehr kleine Amplitude. — 3. Sehr kleine Amplitude, wahrscheinlich RRc. — 4. RR Lyrae-Art ? — 5. Der sehr geringe Lichtwechsel scheint gesichert. — 6. Wahrscheinlich raschwechselnder Bedeckungsstern. — 7. Bedeckungsstern ? — 8. Normalerweise kleine Schwankungen um die Minimalgröße, 2 Erhellungen 1959 Aug. 9—12 und Sept 22; erinnert an U Gem-Art, jedoch Amplitude zu klein. — 9. Die U Gem-ähnliche Variante. RR Lyrae-Art unwahrscheinlich. — 10. Die Algol-ähnliche Variante. Schwächungen selten. — 11. Schwierig, sehr kleine Amplitude. — 12. Sehr schwach, aber augenscheinlich sicher. — 13. Sehr kleine Amplitude, wahrscheinlich Bedeckungsstern. — 14. Raschwechselnd. — 15. Kurzes Maximum 1959 Aug. 8—9—10, langes Maximum Aug. 30 bis Sept. 10, Ende eines Abstiegs Okt. 3—4. — 16. Die Beobachtungen zeigen längere Stillstände in den Extremen mit raschen Übergängen. — 17. Am äußersten Rand der SMC, P vielleicht $\sim 7^d$. — 18. Außerhalb der SMC, aber zugehörig. P $\sim 5^d$. — 19. Am Westrand der SMC, jedoch sicher Vordergrundstern. — 20. Am Westrand der SMC, jedoch sicher Vordergrundstern. — 21. Im Außenbereich der SMC. — 22. Vielleicht HV 6330, jedoch Differenzen im Ort und in der Artbezeichnung. Flaches Maximum gegen Ende Juli 1959. — 23. Sehr schwach, daher schwierig. — 24. Nahe dem dichtesten Teil der SMC. — 25. Am Rande der SMC, P $\sim 6^d$. — 26. RR Lyrae-Art ? Unperiodischer Lichtwechsel möglich. — 27. Im Randbereich der SMC. — 28. P etwa $6^d.5$. Gehört offenbar zur SMC. — 29. P $\sim 29^d$, am Rande der SMC. — 30. P $\sim 5^d$. — 31. P $\sim 7^d.5$. — 32. Gehört zur SMC. — 33. Im Bereich der SMC; aufgenommen, da möglicherweise Vordergrundstern. — 34. Es sind 3 Erhellungen beobachtet: Juli 28, Sept. 9, Okt. 4, 1959. Die Dauer ist 4^d bis 5^d. Der Stern kann, da er wahrscheinlich geringe Leuchtkraft hat, nicht zum System der SMC gehören. — 35. P $\sim 23^d$. — 36. Aufgenommen, obgleich im Außenbereich der SMC, da sehr wahrscheinlich RR Lyrae-Art. — 37. P $\sim 24^d$. — 38. P $\sim 10^d$. Außerhalb der SMC, aber sicher zugehörig. — 39. P $\sim 10^d$. — 40. P $= 27^d$. Gehört trotz großen Abstands zum System der SMC. — 41. P $\sim 25^d$. — 42. P $\sim 10^d$. Am Rande der SMC. — 43. P $\sim 28^d$. Der Stern ist $20^\circ.7$ vom Zentrum der SMC entfernt, gehört aber sicher noch zu ihr. — 44. Bedeckungsstern ? — 45. RW Aur-Art ? RR Lyrae-Art nicht wahrscheinlich. — 46. Hell nur 1959 Sept. 2, an beiden benachbarten Tagen schwach. Keine Bestätigung auf anderen Platten. Wegen der charakteristischen Verzeichnung dicht am Plattenrand dürfte ein Fehler ausgeschlossen sein.

Feld γ Hyi

Bezeichnung	1875.0	1875.0	Größen	Art	Bem.
S 6692 Hyi	$2^h38^m21^s$	$-78°27'.4$	14^m $14^m.5$	kurzperiodisch	1
S 6693 Hyi	3 1 46	−73 25.4	14.5 15.5	RR Lyrae	
S 6694 Hyi	3 2 18	−70 17.7	14.5 15	Bedeckungsstern	
S 6695 Hyi	3 2 37	−73 5.0	15 16	RR Lyrae	
S 6696 Hyi	3 10 26	−76 16.0	11.5 12	langsam ver.	2
S 6697 Hyi	3 24 57	−75 2.2	15.5 16	Bedeckungsstern	
S 6698 Hyi	3 26 45	−78 44.4	13.5 14	Bedeckungsstern	3
S 6699 Hyi	3 28 3	−78 36.2	15 16	mittellange Periode	
S 6700 Hyi	3 28 37	−73 50.3	15 16	RW Aurigae-ähnlich	4
S 6701 Hyi	3 31 38	−71 24.7	15.5 16.5	RR Lyrae	
S 6702 Hyi	3 32 31	−71 14.3	14.5 15	Bedeckungsstern	
S 6703 Men	3 33 37	−75 52.5	14 15	langsam ver.	

Bezeichnung	1875.0	1875.0	Größen	Art	Bem.
S 6704 Hyi	$3^h34^m59^s$	$-74°55'.4$	15^m $15^m.5$	RR Lyrae	
S 6705 Hyi	3 36 4	—72 59.6	15 15.5	RR Lyrae	
S 6706 Hyi	3 48 51	—72 56.8	15 16	RR Lyrae	
S 6707 Men	3 50 34	—77 1.3	14 15	RR Lyrae	
S 6708 Hyi	3 52 44	—71 24.5	14 14.5	RR Lyrae	
S 6709 Hyi	3 54 12	—74 50.4	15 16	RR Lyrae	
S 6710 Men	3 54 50	—79 2.4	15 16	RR Lyrae	
S 6711 Men	3 57 13	—76 45.7	14 15	RR Lyrae	
S 6712 Men	4 7 34	—78 59.6	13 14	RR Lyrae	
S 6713 Hyi	4 8 40	—71 25.4	15.5 16.5	RR Lyrae	
S 6714 Hyi	4 8 47	—73 24.0	16 16.5	RR Lyrae	
S 6715 Hyi	4 9 35	—74 58.8	15 15.5	Bedeckungsstern	5
S 6716 Men	4 11 3	—77 26.5	13 14.5	Algol	
S 6717 Hyi	4 11 59	—73 44.7	14.5 15	Bedeckungsstern	6
S 6718 Hyi	4 15 38	—73 27.2	15 16	RR Lyrae	
S 6719 Hyi	4 16 5	—70 24.8	14.5 15	RR Lyrae	
S 6720 Men	4 17 16	—76 45.1	15.5 16	RR Lyrae	
S 6721 Hyi	4 18 36	—74 0.8	16 17	RR Lyrae	
S 6722 Men	4 18 43	—75 2.0	13.5 14.5	RR Lyrae	7
S 6723 Men	4 25 16	—78 5.7	13 14	Algol	
S 6724 Men	4 36 3	—70 3.3	15.5 16	kurzperiodisch	8
S 6725 Dor	4 36 10	—69 59.6	15 16	kurzperiodisch	9
S 6726 Men	4 36 20	—73 41.2	16 16.5	RR Lyrae	
S 6727 Dor	4 36 24	—69 58.7	15 15.5	kurzperiodisch	10
S 6728 Men	4 39 3	—78 22.5	10 11	langsam ver.	11
S 6729 Men	4 42 17	—74 35.7	13.5 [16.5	Mira	12
S 6730 Men	4 42 58	—73 40.3	13.5 14.5	RR Lyrae	
S 6731 Men	4 45 1	—75 10.9	15 15.5	RR Lyrae	
S 6732 Men	4 46 23	—76 49.8	11 17	U Geminorum	13
S 6733 Men	4 48 14	—76 14.1	14 15	kurzperiodisch	14
S 6734 Men	4 53 0	—76 22.4	13.5 14	RR Lyrae	
S 6735 Men	4 56 22	—75 54.5	14.5 15	RW Aurigae-ähnlich	15

Bemerkungen: 1. Kleine Amplitude. RR Lyrae-Art? — 2. Mittellange Periode wahrscheinlich. — 3. Kleine Amplitude. — 4. Eventuell käme δ Cep-Art mit P $\sim 9^d$ in Betracht, ist aber unwahrscheinlich wegen der geringen Helligkeit des Sterns. — 5. Sehr kleine Amplitude. — 6. Sehr wahrscheinlich raschwechselnder β Lyrae-Stern. — 7. Minima ziemlich lang. — 8. Bedeckungsstern? — 9. Algolstern? — 10. Bedeckungsstern? — 11. CoD —78°171 ($9^m.3$), CPD —78°146 ($9^m.8$). — 12. Maximum Anfang Oktober 1959. — 13. Maximum 1959 Aug. 29. — 14. Wahrscheinlich RR Lyrae-Art; enges Paar, Veränderlicher folgend. — 15. Langsamer Lichtwechsel, von raschen Änderungen zeitweilig überlagert.

Feld ι Mic

Bezeichnung	1875.0	1875.0	Größen	Art	Bem.
S 6736 Sgr	$20^h15^m27^s$	$-45°14'.7$	$14^m.5$ 15^m	RR Lyrae	
S 6737 Sgr	20 17 40	—43 51.9	13 14	RR Lyrae	
S 6738 Sgr	20 17 43	—44 5.0	15 [16	U Geminorum	1
S 6739 Sgr	20 17 50	—41 53.2	13 14	RR Lyrae	

Bezeichnung	1875.0	1875.0	Größen	Art	Bem.
S 6740 Sgr	$20^h 18^m 42^s$	—41° 4′.7	12^m 13^m	RR Lyrae	
S 6741 Sgr	20 19 15	—40 37.8	14 15	RR Lyrae	
S 6742 Sgr	20 19 39	—43 0.3	12.5 14	RR Lyrae	
S 6743 Mic	20 20 46	—43 9.2	14.5 15.5	RR Lyrae	
S 6744 Mic	20 21 8	—42 48.6	14 15.5	RR Lyrae	
S 6745 Mic	20 21 27	—40 14.0	15 16	RR Lyrae	2
S 6746 Mic	20 21 46	—44 23.4	13.5 14.5	RR Lyrae	
S 6747 Ind	20 21 57	—46 27.2	13 14	RR Lyrae	3
S 6748 Mic	20 23 38	—42 44.8	12 14.5	langsam ver.	
S 6749 Ind	20 24 30	—45 51.6	13 [16	U Geminorum	4
S 6750 Mic	20 24 54	—39 12.2	12.5 13.5	RR Lyrae	
S 6751 Ind	20 24 58	—46 37.6	12.5 14	RR Lyrae	
S 6752 Mic	20 26 51	—40 27.3	14 15	RR Lyrae	
S 6753 Mic	20 28 39	—39 37.7	13.5 14	Bedeckungsstern	
S 6754 Mic	20 28 39	—45 11.9	12.5 13.5	RR Lyrae	
S 6755 Mic	20 28 46	—43 49.5	15 16	RR Lyrae	
S 6756 Mic	20 30 32	—42 29.6	14.5 15	RR Lyrae	
S 6757 Mic	20 31 30	—39 14.0	12 12.5	kurzperiodisch ?	5
S 6758 Mic	20 32 15	—41 12.6	15 15.5	kurzperiodisch	6
S 6759 Ind	20 32 18	—46 58.3	14 15.5	RR Lyrae	
S 6760 Mic	20 32 27	—44 6.8	13 14	RR Lyrae	
S 6761 Mic	20 32 37	—41 0.1	15 15.5	kurzperiodisch	7
S 6762 Mic	20 32 44	—43 29.6	13 14	RR Lyrae	
S 6763 Mic	20 32 59	—39 34.6	12 12.5	kurzperiodisch	8
S 6764 Ind	20 33 6	—47 32.6	12 13	RR Lyrae	
S 6765 Mic	20 33 8	—44 44.6	12.5 14	RR Lyrae	
S 6766 Ind	20 33 22	—47 30.4	13.5 14.5	Algol ?	9
S 6767 Ind	20 33 47	—46 33.5	14 15	kurzperiodisch ?	10
S 6768 Mic	20 34 30	—40 40.1	14.5 15.5	langsam ver.	11
S 6769 Mic	20 34 58	—42 23.9	15.5 16	kurzperiodisch	12
S 6770 Ind	20 35 52	—46 43.0	13 14	RR Lyrae	
S 6771 Ind	20 35 53	—46 8.5	15 16.5	RR Lyrae	
S 6772 Mic	20 36 46	—39 6.6	13.5 14.5	kurzperiodisch ?	13
S 6773 Mic	20 36 58	—39 25.3	12 12.5	RR Lyrae	
S 6774 Mic	20 37 24	—42 44.7	14 15	RR Lyrae	
S 6775 Mic	20 37 57	—43 34.2	13 13.5	RR Lyrae	
S 6776 Mic	20 38 18	—45 24.9	13.5 14.5	RR Lyrae	
S 6777 Ind	20 39 58	—46 52.0	14 15	RR Lyrae	
S 6778 Ind	20 40 56	—46 2.9	14 15	RR Lyrae	
S 6779 Mic	20 41 53	—43 17.8	14.5 15	RR Lyrae	
S 6780 Ind	20 41 54	—46 0.9	16 17	RR Lyrae	
S 6781 Ind	20 41 57	—47 14.4	14.5 16	RW Aur	
S 6782 Mic	20 42 18	—44 7.4	14 14.5	RR Lyrae	
S 6783 Mic	20 42 27	—41 26.2	13.5 14.5	RR Lyrae	
S 6784 Ind	20 42 43	—46 35.6	15 16	RR Lyrae	
S 6785 Mic	20 43 41	—41 14.7	11.5 12	Algol	
S 6786 Mic	20 46 11	—43 21.1	13 14	RR Lyrae	
S 6787 Mic	20 46 36	—40 16.0	12.5 13	kurzperiodisch	14
S 6788 Mic	20 46 48	—43 49.7	13 14.5	Algol	
S 6789 Mic	20 48 9	—39 26.7	15 16.5	RR Lyrae	
S 6790 Mic	20 49 51	—45 5.9	13 15.5	langsam ver.	

Bezeichnung	1875.0	1875.0	Größen	Art	Bem.
S 6791 Mic	$20^h50^m50^s$	—39°25′.0	11.5^m 12.5^m	RR Lyrae	
S 6792 Mic	20 51 44	—42 19.7	13.5 14.5	RR Lyrae	
S 6793 Mic	20 51 55	—41 3.3	12.5 13.5	RR Lyrae	
S 6794 Mic	20 52 37	—39 39.4	12.5 13.5	RR Lyrae	
S 6795 Mic	20 52 55	—45 27.6	14 14.5	RR Lyrae	
S 6796 Mic	20 53 27	—43 9.4	14 15	RR Lyrae	
S 6797 Mic	20 53 38	—39 27.9	13.5 15	RR Lyrae	
S 6798 Mic	20 53 43	—41 16.5	13.5 14.5	RR Lyrae	
S 6799 Mic	20 54 17	—45 8.2	15 17	Algol	
S 6800 Mic	20 55 39	—43 17.5	15.5 17	RR Lyrae	
S 6801 Ind	20 56 42	—47 1.9	15 16	RR Lyrae	
S 6802 Mic	20 56 51	—41 2.8	13 13.5	Bedeckungsstern	15
S 6803 Mic	20 59 20	—44 31.1	15 16	Algol ?	16
S 6804 Mic	21 0 0	—39 57.6	14 14.5	kurzperiodisch	17
S 6805 Ind	21 0 45	—47 16.0	9.1 9.4	unregelmäßig ?	18
S 6806 Ind	21 1 28	—47 59.2	14 15	RR Lyrae	
S 6807 Mic	21 1 51	—40 20.0	11.5 16	Flare Star	19
S 6808 Mic	21 1 57	—45 15.9	14 15.5	RR Lyrae	
S 6809 Mic	21 3 12	—42 18.8	15.5 16.5	RR Lyrae	
S 6810 Mic	21 3 26	—42 33.2	12 13.5	RR Lyrae	
S 6811 Mic	21 3 57	—44 31.8	14.5 15.5	RR Lyrae	
S 6812 Mic	21 5 8	—43 0.0	14.5 15.5	RR Lyrae	
S 6813 Mic	21 5 29	—43 0.3	15.5 16.5	kurzperiodisch	20
S 6814 Mic	21 5 45	—41 34.5	15 16.5	RR Lyrae	
S 6815 Ind	21 6 3	—45 58.5	14.5 15	RR Lyrae	
S 6816 Ind	21 8 41	—46 30.6	16.5 17	Bedeckungsstern	21
S 6817 Ind	21 9 19	—46 16.0	16 16.5	Bedeckungsstern	22
S 6818 Mic	21 10 10	—42 44.7	13.5 14.5	kurzperiodisch	23
S 6819 Ind	21 12 59	—47 15.5	14 15	kurzperiodisch	24
S 6820 Mic	21 13 22	—42 21.2	13.5 15	langsam ver.	
S 6821 Mic	21 13 59	—43 17.4	11.5 12	Algol ?	25
S 6822 Mic	21 15 40	—40 21.1	13.5 15	kurzperiodisch	26
S 6823 Mic	21 17 17	—42 8.7	15 15.5	kurzperiodisch	27

Bemerkungen: 1. Maximum 1959 Aug. 8 und Sept. 27, 28. Innerhalb der Reihen keine Veränderung. — 2. (Außerhalb des normalen Feldes.) — 3. Kleine Amplitude. — 4. Maxima beobachtet 1959 Aug. 8, Sept. 5, Sept. 27 bis 28. — 5. Sehr kleine Amplitude, vielleicht unregelmäßig. — 6. RR Lyrae-Art? Sehr kleine Amplitude, aber augenscheinlich sicher. — 7. Bedeckungsstern? — 8. Vielleicht RRb-Stern. — 9. Nur ein Minimum, augenscheinlich sicher. — 10. Sehr geringer Lichtwechsel; RR Lyrae-Art? — 11. Vielleicht mittellange Periode. Könnte Stern geringer Leuchtkraft sein. — 12. RR Lyrae-Art? — 13. Bedeckungsstern? Kleine Amplitude. — 14. Wahrscheinlich Algol-Art. — 15. Raschwechselnder β Lyrae-Stern. — 16. Nur 1 Minimum, scheint aber ganz sicher. — 17. Wahrscheinlich RR Lyrae-Stern. — 18. Sehr geringer Lichtwechsel, daher nicht ganz gesichert. CoD —47°13708 ($8^m.0$), CPD —47°9642 ($8^m.6$), HD 201110 Sp. Mb. — 19. Beobachtungen: UT 243 6808.324 $11^m.7$, 6808.367 14.3, 6808.410 $16^m.0$. Auf allen anderen Platten ist der Stern schwach, anscheinend veränderlich 16^m bis $16^m.5$. — 20. Schwach, kleine Amplitude. — 21. Nicht ganz sicher. — 22. Nicht ganz sicher. — 23. RR Lyrae-Stern? —

24. Wahrscheinlich RR Lyrae-Art. — 25. Randnah, nur auf wenigen Platten. — 26. RR Lyrae-Art? — 27. RR Lyrae-Art?

Feld α Pav

Bezeichnung	1875.0	1875.0	Größen		Art	Bem.
S 6824 Pav	$19^h 38^m 42^s$	—58° 55'.8	14^m	$14^m.5$	Algol?	1
S 6825 Pav	19 40 15	—58 50.8	13	13.5	kurzperiodisch	2
S 6826 Tel	19 41 53	—56 45.2	13	13.5	kurzperiodisch	3
S 6827 Pav	19 42 17	—59 21.6	14	14.5	Bedeckungsstern	
S 6928 Pav	19 42 48	—58 13.2	15.5	16.5	kurzperiodisch	4
S 6829 Pav	19 43 5	—59 39.3	13.5	14	kurzperiodisch	5
S 6830 Pav	19 43 52	—59 59.8	14.5	15	RR Lyrae	
S 6831 Pav	19 43 54	—58 33.5	13	14	RR Lyrae	
S 6832 Pav	19 44 8	—60 47.8	14	15	RR Lyrae	
S 6833 Pav	19 44 10	—60 45.0	13	13.5	RR Lyrae	
S 6834 Tel	19 44 34	—53 40.0	13	13.5	RR Lyrae	6
S 6835 Pav	19 44 57	—57 22.3	14	14.5	raschwechselnd	7
S 6836 Tel	19 45 4	—56 48.1	14	[16	Mira	8
S 6837 Tel	19 45 17	—55 24.0	14	14.5	RR Lyrae	
S 6838 Pav	19 46 19	—59 49.0	13	13.5	RR Lyrae	
S 6839 Pav	19 46 43	—57 48.3	14	15	RR Lyrae	
S 6840 Pav	19 46 48	—61 18.6	13.5	14.5	RR Lyrae	
S 6841 Tel	19 47 31	—56 16.8	13.5	14	RR Lyrae	
S 6842 Pav	19 47 46	—57 36.6	14	15	RR Lyrae	
S 6843 Tel	19 48 6	—53 42.5	14.5	15	kurzperiodisch	9
S 6844 Pav	19 48 20	—59 8.7	15	15.5	langsam ver.	10
S 6845 Tel	19 51 59	—54 5.4	14.5	15	langsam ver.	
S 6846 Tel	19 52 56	—54 18.8	15.5	16	raschwechselnd	11
S 6847 Tel	19 55 2	—55 31.5	13	13.5	Bedeckungsstern	12
S 6848 Pav	19 56 11	—57 45.8	14.5	15	Bedeckungsstern	13
S 6849 Tel	19 56 18	—56 35.1	15	15.5	Bedeckungsstern	14
S 6850 Tel	19 56 18	—55 14.8	15	16	RR Lyrae	
S 6851 Tel	19 56 49	—52 55.4	14	15	RR Lyrae	
S 6852 Pav	19 57 38	—59 13.4	15.5	16	RR Lyrae	
S 6853 Tel	19 58 4	—56 44.2	14.5	15	RR Lyrae	15
S 6854 Pav	19 58 7	—60 50.6	13	14	RR Lyrae	
S 6855 Tel	19 58 9	—53 47.1	13.5	14	Bedeckungsstern	16
S 6856 Tel	19 58 22	—55 35.1	12.5	13	RR Lyrae	
S 6857 Pav	19 58 32	—57 20.2	15	16	RR Lyrae	
S 6858 Tel	19 59 40	—55 50.3	13.5	14	RR Lyrae	
S 6859 Pav	19 59 52	—60 30.4	13.5	14	RR Lyrae	17
S 6860 Tel	20 0 51	—53 31.5	14	15	RR Lyrae	
S 6861 Tel	20 1 47	—55 49.8	15	15.5	Bedeckungsstern	18
S 6862 Tel	20 2 44	—52 44.1	14	14.5	RR Lyrae	19
S 6863 Pav	20 3 2	—59 28.2	14	15	RR Lyrae	
S 6864 Pav	20 3 54	—59 26.1	15	15.5	RR Lyrae	
S 6865 Tel	20 4 52	—53 17.5	13	13.5	RR Lyrae	
S 6866 Pav	20 7 21	—61 0.0	13	14	RR Lyrae	
S 6867 Tel	20 8 1	—55 38.8	15	16	RR Lyrae	
S 6868 Tel	20 8 44	—53 33.4	14	15	RR Lyrae	
S 6869 Tel	20 8 56	—56 27.0	15	16	RR Lyrae	

Bezeichnung	1875.0	1875.0	Größen	Art	Bem.
S 6870 Pav	20h 9m 4s	—57° 13.′0	12m.5 13m	RR Lyrae	
S 6871 Tel	20 9 22	—54 16.4	13.5 14	RR Lyrae	
S 6872 Tel	20 9 33	—56 12.2	12 12.5	RR Lyrae	
S 6873 Pav	20 10 53	—61 23.5	14.5 15.5	RR Lyrae	
S 6874 Tel	20 11 5	—54 7.0	13.5 14	Bedeckungsstern	
S 6875 Tel	20 11 18	—53 1.8	14.5 15.5	RR Lyrae	
S 6876 Pav	20 11 45	—57 5.0	14.5 16	RR Lyrae	
S 6877 Tel	20 12 53	—55 51.6	13.5 14	RR Lyrae	
S 6878 Tel	20 13 20	—56 42.2	15 16	Algol	
S 6879 Pav	20 13 39	—57 57.2	15 16	RR Lyrae	
S 6880 Tel	20 14 45	—56 2.1	14.5 15.5	RR Lyrae	
S 6881 Tel	20 15 10	—53 8.0	13 13.5	Bedeckungsstern	20
S 6882 Tel	20 15 22	—56 19.2	14.5 15.5	RR Lyrae	
S 6883 Tel	20 16 11	—53 11.9	16 17	Algol ?	21
S 6884 Pav	20 16 28	—58 35.7	12 12.5	Algol	
S 6885 Tel	20 16 29	—53 5.3	13 14	RR Lyrae	
S 6886 Tel	20 18 20	—54 33.0	13.5 14.5	RR Lyrae	
S 6887 Tel	20 18 54	—56 45.5	13 14.5	Algol	
S 6888 Tel	20 19 17	—52 43.0	13.5 [16.5	U Geminorum	22
S 6889 Tel	20 19 21	—53 58.1	14.5 15	raschwechselnd	23
S 6890 Tel	20 19 40	—52 40.3	13 15	Algol	
S 6891 Tel	20 19 53	—55 13.7	14 14.5	kurzperiodisch ?	24
S 6892 Pav	20 20 31	—60 25.3	13 14	RR Lyrae	
S 6893 Ind	20 20 40	—55 29.8	14 14.5	RR Lyrae	
S 6894 Ind	20 21 42	—55 47.9	14 14.5	raschwechselnd	25
S 6895 Pav	20 22 40	—61 38.8	13 14	RR Lyrae	
S 6896 Ind	20 22 45	—59 32.5	14.5 15	RR Lyrae	
S 6897 Ind	20 22 52	—55 53.1	14 14.5	kurzperiodisch	26
S 6898 Ind	20 22 53	—55 50.7	14.5 15	RR Lyrae	
S 6899 Ind	20 23 53	—56 58.9	14 16.5	U Geminorum-ähnlich	27
S 6900 Ind	20 24 43	—59 8.5	15 15.5	RR Lyrae	
S 6901 Pav	20 24 51	—61 28.9	12 12.5	Bedeckungsstern	
S 6902 Ind	20 26 11	—59 27.3	14.5 15.5	RR Lyrae	
S 6903 Ind	20 26 49	—53 53.7	15 16	RR Lyrae	
S 6904 Ind	20 28 59	—58 29.9	13.5 14.5	RR Lyrae	
S 6905 Ind	20 29 37	—54 50.7	13 13.5	RR Lyrae	
S 6906 Ind	20 29 45	—53 44.2	14 15	RR Lyrae	
S 6907 Ind	20 30 1	—55 2.9	16 17	RR Lyrae ?	
S 6908 Ind	20 30 13	—54 53.4	14 15	RR Lyrae	
S 6909 Ind	20 30 47	—58 48.1	15 16	RR Lyrae	
S 6910 Ind	20 30 52	—54 34.1	14.5 15.5	RR Lyrae	
S 6911 Ind	20 31 7	—53 43.5	13 14	RR Lyrae	
S 6912 Ind	20 35 15	—56 8.6	15.5 16	RR Lyrae	
S 6913 Pav	20 36 7	—60 40.2	15.5 16.5	RR Lyrae	
S 6914 Ind	20 36 19	—59 3.2	15 16	RR Lyrae ?	28
S 6915 Ind	20 36 59	—54 15.8	13.5 14.5	RR Lyrae	
S 6916 Ind	20 38 41	—59 5.6	14.5 15	RR Lyrae	29
S 6917 Pav	20 39 14	—61 12.3	15 16	RR Lyrae	
S 6918 Ind	20 39 27	—59 32.1	15 16	RR Lyrae	
S 6919 Ind	20 41 11	—58 54.2	15 16	RR Lyrae	
S 6920 Ind	20 43 26	—59 20.1	14 15	RR Lyrae	

Bezeichnung	1875.0	1875.0	Größen	Art	Bem.
S 6921 Ind	20h43m54s	—55°16′.8	15m 16m	RR Lyrae	
S 6922 Ind	20 43 55	—56 29.8	13.5 14.5	Algol	
S 6923 Ind	20 44 14	—57 57.6	13.5 14	Bedeckungsstern	
S 6924 Ind	20 46 30	—57 28.7	11 11.5	langsam ver.	
S 6925 Ind	20 46 50	—59 37.6	14.5 15.5	RR Lyrae	
S 6926 Pav	20 48 53	—60 0.8	14 14.5	RR Lyrae	
S 6927 Ind	20 49 46	—59 51.6	13 13.5	RR Lyrae	
S 6928 Ind	20 49 59	—59 45.1	13 14	RR Lyrae	

Bemerkungen: 1. Unsicher, kleine Amplitude. Nur auf 8″-Platten. — 2. Wahrscheinlich Bedeckungsstern. Nur auf 8″-Platten. — 3. RR Lyrae? Nur auf 8″-Platten. — 4. RR Lyrae? — 5. Bedeckungsstern? — 6. Nur auf 8″-Platten. — 7. Wahrscheinlich Bedeckungsstern. — 8. Flaches Maximum etwa 243 6820. — 9. Sehr kleine Amplitude, wahrscheinlich Bedeckungsstern. — 10. Artbestimmung unsicher. — 11. RR Lyrae? Kleine Amplitude. — 12. Raschwechselnd, kleine Amplitude. — 13. Periode einige Stunden. — 14. Raschwechselnd, kleine Amplitude. — 15. Periode nicht sehr kurz. — 16. Raschwechselnd, kleine Amplitude. — 17. Kleine Amplitude. — 18. Nahe bei DX Tel. — 19. Kleine Amplitude. — 20. Raschwechselnd, kleine Amplitude. — 21. Schwierig, da schwach. — 22. Hell und im Abstieg beobachtet 1959 Aug. 4, 5, 6, 7, 8, 10. — 23. Wahrscheinlich Bedeckungsstern, aber Typus RRc nicht ausgeschlossen. — 24. Sehr geringer Lichtwechsel scheint sicher. Periode vielleicht sehr kurz. — 25. Bedeckungsstern? Typus RRc möglich. — 26. Wahrscheinlich Bedeckungsstern. — 27. Der Stern gehört sehr wahrscheinlich der CN Ori-Variante an. — 28. Wahrscheinlich sicher. — 29. Kleine Amplitude.

Feld ε Pav

Bezeichnung	1875.0	1875.0	Größen	Art	Bem.
S 6929 Oct	18h34m39s	—76°33′.4	13m.5 14m	Bedeckungsstern	
S 6930 Oct	18 38 31	—75 2.5	15 16	RR Lyrae	
S 6931 Pav	18 43 16	—71 59.7	14.5 15.5	langsam ver.	
S 6932 Pav	18 43 19	—73 28.7	13 13.5	Bedeckungsstern	
S 6933 Oct	18 49 6	—75 52.8	14 15	RR Lyrae	
S 6934 Pav	18 50 25	—74 21.4	13.5 14	Algol	
S 6935 Pav	18 51 20	—73 33.3	15.5 16	Bedeckungsstern?	1
S 6936 Pav	18 53 36	—71 38.8	14 15	langsam ver.	2
S 6937 Pav	18 54 52	—73 20.6	15 16	RR Lyrae	
S 6938 Oct	18 55 14	—75 8.9	14 [16.5	Mira	3
S 6939 Oct	18 55 59	—75 59.2	16.5 17	RR Lyrae?	4
S 6940 Pav	18 56 21	—72 37.4	15 15.5	RR Lyrae	
S 6941 Oct	18 58 7	—75 8.0	13.5 15	RR Lyrae	
S 6942 Pav	18 58 12	—68 40.5	14 14.5	Algol	
S 6943 Pav	19 1 23	—72 43.6	15 16	RR Lyrae	
S 6944 Pav	19 1 39	—69 49.8	13.5 14	langsam ver.	
S 6945 Pav	19 1 43	—70 2.4	14.5 15.5	RR Lyrae	
S 6946 Pav	19 1 45	—71 49.9	14.5 15.5	RR Lyrae	
S 6947 Pav	19 2 4	—71 1.3	14 15	RR Lyrae	
S 6948 Pav	19 3 22	—69 57.0	14 15	RR Lyrae	
S 6949 Pav	19 3 47	—69 33.0	15.5 16	Bedeckungsstern?	5
S 6950 Pav	19 4 55	—72 8.4	14.5 15	langsam ver.	

Bezeichnung	1875.0	1875.0	Größen	Art	Bem.
S 6951 Pav	$19^h\ 5^m29^s$	$-72°40'.4$	$15^m.5$ $16^m.5$	RR Lyrae	
S 6952 Oct	19 6 25	—75 4.2	14 15	RR Lyrae	
S 6953 Pav	19 6 43	—71 13.1	13.5 14.5	RR Lyrae	
S 6954 Pav	19 6 49	—70 4.7	14 14.5	raschwechselnd ?	6
S 6955 Pav	19 8 13	—71 32.7	14.5 15	RR Lyrae	
S 6956 Oct	19 8 26	—76 53.2	14.5 15.5	RR Lyrae	
S 6957 Oct	19 8 49	—76 54.4	14.5 15.5	Algol	7
S 6958 Pav	19 8 52	—70 15.8	15 15.5	kurzperiodisch	8
S 6959 Pav	19 9 31	—73 12.3	16.5 17.5	RR Lyrae	9
S 6960 Pav	19 9 40	—72 5.9	14.5 15	Algol	
S 6961 Oct	19 10 40	—75 21.9	16 16.5	RR Lyrae	
S 6962 Pav	19 11 8	—71 6.1	15 16	RR Lyrae	
S 6963 Pav	19 12 16	—74 54.0	13.5 14	RW Aurigae-ähnlich	10
S 6964 Pav	19 12 25	—70 22.4	15.5 16.5	raschwechselnd	11
S 6965 Pav	19 12 28	—70 9.0	14.5 15	kurzperiodisch	12
S 6966 Pav	19 13 7	—69 59.7	15 15.5	mittellange Periode	
S 6967 Pav	19 13 25	—70 45.2	16 16.5	kurzperiodisch	13
S 6968 Pav	19 13 47	—69 26.6	14.5 15	kurzperiodisch	14
S 6969 Pav	19 15 0	—68 33.2	14.5 16	RR Lyrae	
S 6970 Pav	19 15 46	—71 27.9	15 15.5	Bedeckungsstern ?	15
S 6971 Pav	19 16 4	—71 11.0	16 17	RR Lyrae	
S 6972 Oct	19 16 19	—76 25.1	14 14.5	RR Lyrae	
S 6973 Pav	19 16 38	—69 42.5	15 16	RR Lyrae	
S 6974 Pav	19 17 34	—69 46.4	14 14.5	Bedeckungsstern ?	16
S 6975 Pav	19 18 47	—70 7.2	16 17	RR Lyrae	
S 6976 Oct	19 19 21	—75 46.3	13 13.5	RR Lyrae	
S 6977 Pav	19 20 16	—71 39.2	11 11.5	langsam ver.	
S 6978 Pav	19 20 29	—68 57.4	15 15.5	Bedeckungsstern ?	17
S 6979 Oct	19 20 40	—75 52.7	13 14	RR Lyrae	
S 6980 Pav	19 21 3	—70 55.3	14 14.5	Bedeckungsstern	
S 6981 Pav	19 22 12	—71 17.4	14.5 15.5	RR Lyrae	
S 6982 Pav	19 22 31	—72 7.3	15 16	RR Lyrae	
S 6983 Pav	19 23 13	—70 45.9	15.5 16	kurzperiodisch	18
S 6984 Pav	19 23 52	—69 51.3	14.5 15.5	kurzperiodisch	19
S 6985 Oct	19 24 32	—76 0.0	14.5 15.5	kurzperiodisch	20
S 6986 Pav	19 24 35	—72 1.7	14.5 15	RR Lyrae	
S 6987 Oct	19 24 42	—76 11.1	15 16	RR Lyrae	
S 6988 Oct	19 25 43	—75 21.2	14.5 15.5	RR Lyrae	21
S 6989 Pav	19 25 58	—74 9.6	15 15.5	Bedeckungsstern ?	22
S 6990 Pav	19 26 54	—72 36.8	13.5 14	langsam ver.	23
S 6991 Oct	19 27 10	—75 8.5	14 14.5	kurzperiodisch	24
S 6992 Pav	19 27 35	—73 8.8	10.5 11	langsam ver.	25
S 6993 Pav	19 27 38	—70 16.1	14.5 15.5	RR Lyrae	
S 6994 Pav	19 27 54	—69 55.9	11.5 12	langsam ver.	
S 6995 Pav	19 28 5	—69 55.6	15 16	RR Lyrae	
S 6996 Pav	19 28 27	—72 55.2	12 13	Algol	26
S 6997 Pav	19 29 5	—71 35.6	15 16.5	RW Aurigae-ähnlich ?	27
S 6998 Pav	19 29 9	—72 24.5	11 11.5	Algol	28
S 6999 Oct	19 30 53	—76 40.9	14 15	mittellange Periode	29
S 7000 Oct	19 31 45	—75 49.2	16 16.5	Bedeckungsstern ?	30
S 7001 Pav	19 31 50	—70 1.9	15 16	RR Lyrae	

Bezeichnung	1875.0	1875.0	Größen		Art	Bem.
S 7002 Pav	$19^h32^m39^s$	—74° 4.′2	15^m	$15^m.5$	RR Lyrae	
S 7003 Pav	19 32 42	—74 10.4	16.5	17	Bedeckungsstern ?	31
S 7004 Pav	19 33 6	—71 42.1	14.5	16	RR Lyrae	
S 7005 Oct	19 34 3	—75 42.7	15	15.5	RR Lyrae	
S 7006 Pav	19 34 26	—71 24.5	15	16	RR Lyrae	
S 7007 Pav	19 34 48	—71 19.5	11	11.5	kurzperiodisch	32
S 7008 Pav	19 34 52	—68 46.6	13.5	14	RR Lyrae ?	33
S 7009 Pav	19 35 40	—70 40.7	14.5	15.5	RR Lyrae	
S 7010 Pav	19 36 36	—72 15.5	15	16	RR Lyrae	
S 7011 Pav	19 37 17	—69 9.3	15.5	16	RR Lyrae ?	
S 7012 Pav	19 37 27	—68 40.4	13	14.5	RR Lyrae	
S 7013 Oct	19 38 42	—75 1.7	13	13.5	kurzperiodisch	34
S 7014 Pav	19 39 18	—71 0.6	15	15.5	langsam ver.	
S 7015 Pav	19 39 24	—70 14.6	14	15	RR Lyrae	
S 7016 Pav	19 40 18	—69 52.2	15	16	RR Lyrae	
S 7017 Pav	19 41 17	—71 33.0	14	[16.5	Mira	
S 7018 Pav	19 42 38	—71 47.7	13	13.5	RR Lyrae	
S 7019 Pav	19 42 42	—69 31.6	15	16.5	RR Lyrae	35
S 7020 Pav	19 42 44	—72 16.4	16	17	RR Lyrae	
S 7021 Oct	19 42 47	—75 48.7	13.5	14.5	RR Lyrae	
S 7022 Pav	19 44 4	—74 27.7	14	15	RR Lyrae	36
S 7023 Pav	19 44 11	—70 4.0	14	15	Algol	37
S 7024 Pav	19 44 21	—69 21.6	14	15	RR Lyrae	
S 7025 Pav	19 45 6	—69 29.4	14.5	15	RR Lyrae	38
S 7026 Pav	19 45 35	—70 15.0	14	14.5	raschwechselnd	39
S 7027 Pav	19 45 35	—72 28.6	14.5	15	RR Lyrae	
S 7028 Pav	19 46 25	—71 43.2	13	14	langsam ver.	
S 7029 Pav	19 46 55	—71 25.6	16	17	RR Lyrae	
S 7030 Pav	19 47 25	—72 3.8	15	15.5	kurzperiodisch	40
S 7031 Pav	19 47 47	—70 32.5	16	17	RR Lyrae	
S 7032 Pav	19 48 16	—73 51.6	14.5	15	kurzperiodisch	41
S 7033 Oct	19 48 18	—77 13.2	14	14.5	Bedeckungsstern	
S 7034 Pav	19 51 40	—74 12.9	15.5	16.5	RR Lyrae ?	42
S 7035 Pav	19 52 12	—72 7.5	13	14	RR Lyrae	
S 7036 Pav	19 54 0	—74 31.5	15.5	16	RR Lyrae ?	43
S 7037 Pav	19 54 2	—70 2.2	15	15.5	langsam ver.	44
S 7038 Pav	19 54 25	—72 43.7	16	17	RR Lyrae	
S 7039 Pav	19 54 59	—73 13.8	14	15	RR Lyrae	
S 7040 Pav	19 55 10	—70 10.1	15	17	raschwechselnd	45
S 7041 Pav	19 57 54	—73 51.0	14.5	15	RR Lyrae	
S 7042 Pav	19 58 9	—73 17.6	14.5	15	RR Lyrae	
S 7043 Pav	19 59 3	—69 6.8	15	15.5	RR Lyrae ?	46
S 7044 Oct	20 0 0	—75 39.1	13	14	mittellange Periode	
S 7045 Pav	20 0 2	—72 49.1	14.5	15.5	RR Lyrae	
S 7046 Pav	20 2 38	—73 47.0	15	16	RR Lyrae	
S 7047 Pav	20 2 49	—74 53.4	12.5	13	mittellange Periode	47
S 7048 Pav	20 3 5	—69 20.4	14.5	15	RR Lyrae	
S 7049 Pav	20 3 40	—71 35.6	15	16	RR Lyrae	
S 7050 Pav	20 3 56	—69 6.8	12.5	13	RR Lyrae	
S 7051 Pav	20 4 43	—73 38.2	14	15	RR Lyrae	
S 7052 Pav	20 4 46	—72 22.3	14.5	15	Bedeckungsstern ?	

Bezeichnung	1875.0	1875.0	Größen	Art	Bem.
S 7053 Pav	$20^h\ 5^m 23^s$	—72° 6′.0	$14^m.5\ 15^m$	langsam ver.	
S 7054 Pav	20 5 57	—74 19.6	14.5 15	Algol	48
S 7055 Oct	20 7 4	—76 27.2	13 14.5	RR Lyrae	
S 7056 Pav	20 8 23	—70 46.4	14.5 15	RR Lyrae	49
S 7057 Pav	20 9 24	—74 5.6	11.5 12	Algol	
S 7058 Pav	20 9 40	—70 27.5	14.5 15.5	RR Lyrae	
S 7059 Pav	20 9 43	—68 40.3	14.5 16	RR Lyrae	
S 7060 Pav	20 11 13	—71 37.2	14.5 15.5	RR Lyrae	
S 7061 Pav	20 11 35	—72 25.1	15 16	RR Lyrae	
S 7062 Pav	20 12 23	—72 18.5	14.5 15	kurzperiodisch	50
S 7063 Pav	20 13 26	—71 33.0	15 16	RR Lyrae	
S 7064 Oct	20 14 18	—76 6.9	15 16.5	RR Lyrae	
S 7065 Pav	20 14 36	—69 38.8	14.5 15.5	RR Lyrae	
S 7066 Pav	20 15 15	—73 26.8	15 16	RR Lyrae	
S 7067 Oct	20 15 43	—76 43.0	14 15.5	RR Lyrae	
S 7068 Oct	20 16 49	—75 0.9	13.5 14.5	RR Lyrae	
S 7069 Pav	20 19 7	—73 57.4	16 17	RR Lyrae	
S 7070 Pav	20 19 18	—74 55.0	14 14.5	RR Lyrae	
S 7071 Pav	20 19 39	—74 18.4	14 14.5	kurzperiodisch	51
S 7072 Pav	20 20 19	—72 11.9	13.5 14	RR Lyrae	
S 7073 Pav	20 21 9	—73 2.0	10.5 11	RR Lyrae	52
S 7074 Pav	20 21 20	—73 8.2	14 15.5	Algol	
S 7075 Oct	20 21 29	—75 30.3	15.5 16.5	RR Lyrae	
S 7076 Pav	20 21 51	—69 26.0	13 13.5	kurzperiodisch	53
S 7077 Pav	20 22 37	—71 11.7	12 13	Algol	54
S 7078 Pav	20 23 8	—69 38.8	13.5 14.5	RR Lyrae	
S 7079 Oct	20 27 4	—76 55.5	14 14.5	RR Lyrae	
S 7080 Pav	20 29 30	—71 14.6	15.5 16.5	RR Lyrae	
S 7081 Pav	20 30 5	—72 50.9	13.5 14.5	langsam ver.	
S 7082 Pav	20 30 9	—69 40.4	13.5 14	langsam ver.	
S 7083 Pav	20 31 32	—71 36.2	15 16	RR Lyrae	
S 7084 Pav	20 32 28	—72 20.8	15.5 16.5	langsam ver.	
S 7085 Pav	20 32 52	—71 41.6	15 16	RR Lyrae	
S 7086 Pav	20 32 57	—73 34.7	13.5 14.5	RR Lyrae	
S 7087 Pav	20 33 54	—73 32.0	15.5 16	RR Lyrae	
S 7088 Pav	20 34 5	—68 27.6	14 14.5	langsam ver.	
S 7089 Pav	20 34 28	—70 23.7	13 14	Algol	
S 7090 Pav	20 34 32	—71 22.8	11.5 12	langsam ver.	55
S 7091 Oct	20 34 58	—75 49.3	13.5 14.5	RR Lyrae	
S 7092 Pav	20 35 41	—71 22.3	15.5 16.5	RR Lyrae	
S 7093 Pav	20 36 28	—69 45.2	15 15.5	Bedeckungsstern	
S 7094 Oct	20 36 53	—75 42.9	15 16	RR Lyrae	
S 7095 Pav	20 37 13	—73 26.9	11.5 12	langsam ver.	
S 7096 Oct	20 37 40	—75 12.6	12.5 13	kurzperiodisch	56
S 7097 Oct	20 41 46	—76 27.9	16 17	RR Lyrae ?	57
S 7098 Pav	20 46 57	—74 44.7	13 14	RR Lyrae	
S 7099 Oct	20 47 32	—75 21.1	14.5 15	langsam ver. ?	58
S 7100 Pav	20 48 8	—73 22.7	14 15	RR Lyrae	
S 7101 Pav	20 49 11	—73 52.5	15 16	RR Lyrae	
S 7102 Pav	20 49 11	—74 48.5	13 14	kurzperiodisch	59
S 7103 Oct	20 50 51	—75 50.6	13.5 [16.5	U Geminorum ?	60

Bemerkungen: 1. Schwierig wegen sehr kleiner Amplitude. — 2. Hell Ende September 1959. — 3. Maximum im Oktober 1959. — 4. Schwierig. — 5. Sehr geringer Lichtwechsel wahrscheinlich reell. — 6. Der sehr geringe Lichtwechsel scheint gesichert. Vielleicht handelt es sich um einen ultrakurzperiodischen Stern. — 7. Minima sehr selten, 1959 Juni 13 sicher, Sept. 30 wahrscheinlich geschwächt. — 8. Wahrscheinlich RR Lyrae-Art. — 9. Sehr schwach und schwierig, aber durch Reihenplatten bestätigt. — 10. Der Veränderliche könnte für einen Algolstern gehalten werden, ist jedoch auf 8 Platten 1959 Juni 8—16 schwach. — 11. Unperiodisch? Oft in mittlerer Helligkeit. —12. RR Lyrae-Art? — 13. Wahrscheinlich Bedeckungsstern. — 14. RR Lyrae-Art? — 15. Amplitude auf den Platten an der Grenze des Beweisbaren. — 16. Amplitude nur etwa $0^m_.2$, schwierig. — 17. Schwierig wegen kleiner Amplitude. — 18. Wahrscheinlich Bedeckungsstern. — 19. RR Lyrae-Art? Heller Nachbarstern stört. Veränderlichkeit sicher. — 20. RR Lyrae-Art? — 21. Identisch mit 23.1932, entdeckt von LUYTEN? — 22. Sehr kleine Amplitude. — 23. Zeitweise mäßig rasche Änderungen. — 24. RR Lyrae-Art? — 25. Nicht in CoD und CPD. — 26. Minima selten. — 27. Meist in mittlerer Helligkeit, geringe Erhebungen und tiefe Minima. — 28. Minima selten; Entdeckungsminimum 1959 Aug. 1 durch eine am 8″-Astrograph erhaltene Plattenreihe bestätigt. — 29. Ziemlich rascher Lichtwechsel. — 30. Schwierig. — 31. Sehr schwach. — 32. RR Lyrae-Art? — 33. Sehr kleine Amplitude. — 34. Bedeckungsstern? — 35. Maxima selten. — 36. Dicht bei CPD —74°1854 ($7^m_.8$), auf den 10″-Platten durch die Coma gestört, ebenso auf Johannesbg. Karte —76° No. 40. — 37. Minima sehr selten. — 38. Wahrscheinlich nicht RRa, da etwa gleich oft hell und schwach. — 39. Wahrscheinlich Bedeckungsstern. — 40. Wahrscheinlich Bedeckungsstern. — 41. Bedeckungsstern? Sehr kleine Amplitude. — 42. Maxima auffallend selten. — 43. Kleine Amplitude, aber sicher. — 44. Kleine Amplitude. — 45. Wahrscheinlich U Gem-ähnlich. — 46. Schwierig, kleine Amplitude, randnah. — 47. P etwa 60^d. — 48. Veränderlichkeit sehr gering, scheint aber gesichert. — 49. Wahrscheinlich Untertypus RRc. — 50. Raschwechselnder Bedeckungsstern? — 51. Wahrscheinlich Bedeckungsstern. — 52. Wahrscheinlich Untertypus RRc. CoD —73°1521 ($10^m_.1$), CPD —73°2153 ($9^m_.6$). — 53. Wahrscheinlich Bedeckungsstern; der sehr geringe Lichtwechsel scheint gesichert. — 54. Minima nicht selten. — 55. Lichtwechsel sehr gering, höchstens $0^m_.3$, aber als sicher anzusehen. — 56. Wahrscheinlich Bedeckungsstern, da vorwiegend hell. — 57. Schwach und randnah, aber wahrscheinlich reell. — 58. Kleine Amplitude. — 59. RR Lyrae-Art? Rascher Bedeckungslichtwechsel nicht ganz auszuschließen. — 60. 1959 Aug. 11 [$16^m_.5$, Aug. 23 [14^m, Aug. 26 $13^m_.5$, dann stetige Abnahme bis Sept. 5 $15^m_.5$, Sept. 22 [$16^m_.5$. Auf allen anderen Platten 1959 Juni 8 bis Okt. 5 unsichtbar. Miraart unwahrscheinlich wegen des raschen Lichtwechsels.

Feld ω Pav

Bezeichnung	1875.0	1875.0	Größen	Art	Bem.
S 7104 Pav	$17^h57^m11^s$	—63° 9′.2	$14^m_.5$ 15^m	kurzperiodisch	
S 7105 Pav	18 10 1	—63 4.1	15.5 16.5	kurzperiodisch	
S 7106 Pav	18 10 12	—61 33.3	15 16	—	
S 7107 Tel	18 10 51	—56 27.1	10 10.5	Bedeckungsstern?	1
S 7108 Pav	18 11 15	—62 15.3	13 14	—	
S 7109 Pav	18 11 38	—63 41.6	15.5 16	kurzperiodisch	
S 7110 Pav	18 12 52	—61 32.2	15 15.5	—	

Bezeichnung	1875.0	1875.0	Größen		Art	Bem.
S 7111 Pav	18h 14m 0s	—65° 1'.3	15m	[16m.5	raschwechselnd	2
S 7112 Pav	18 15 51	—63 28.0	15	15.5	—	
S 7113 Pav	18 17 36	—61 53.7	15.5	16	kurzperiodisch	
S 7114 Tel	18 18 23	—56 17.7	14.5	15	kurzperiodisch	3
S 7115 Pav	18 19 30	—60 12.3	15	16	kurzperiodisch	
S 7116 Pav	18 22 3	—65 7.1	15	16	kurzperiodisch	
S 7117 Pav	18 23 1	—61 39.2	15.5	16	—	
S 7118 Pav	18 24 3	—63 40.5	15	16.5	—	
S 7119 Pav	18 29 23	—63 8.9	14	15	—	
S 7120 Pav	18 29 58	—57 49.4	14.5	15.5	—	
S 7121 Pav	18 34 19	—58 21.0	15	15.5	kurzperiodisch	
S 7122 Pav	18 35 30	—63 0.2	15.5	16.5	kurzperiodisch	
S 7123 Pav	18 35 37	—63 47.6	15.5	16.5	kurzperiodisch	
S 7124 Pav	18 38 4	—63 41.5	16	16.5	kurzperiodisch	
S 7125 Pav	18 38 12	—58 24.7	15.5	16	—	
S 7126 Pav	18 41 20	—60 58.2	15	16	kurzperiodisch	
S 7127 Pav	18 46 44	—64 36.0	15	16	kurzperiodisch	
S 7128 Pav	18 50 13	—59 18.0	15	15.5	kurzperiodisch	
S 7129 Pav	18 52 56	—58 28.0	16	17	kurzperiodisch	
S 7130 Pav	18 55 1	—57 45.5	15.5	16	kurzperiodisch	
S 7131 Pav	19 0 19	—58 50.4	15	15.5	kurzperiodisch	
S 7132 Pav	19 1 54	—57 46.4	15	16	kurzperiodisch	
S 7133 Pav	19 4 8	—60 39.5	15.5	16	kurzperiodisch	
S 7134 Pav	19 6 0	—58 30.0	15	15.5	kurzperiodisch	4
S 7135 Pav	19 10 43	—61 2.6	16	16.5	kurzperiodisch	
S 7136 Pav	19 11 40	—64 35.5	13.5	14	kurzperiodisch	
S 7137 Pav	19 13 2	—61 7.8	15	16.5	—	

Bemerkungen: 1. Kleine Amplitude. CoD —56°7292 (8m.9), CPD —56°8746 (9m.2). — 2. Vielleicht U Gem-Art. — 3. Kann nach Ort und Art nicht XY Tel sein. — 4. Dem Ort nach wahrscheinlich identisch mit HV 9604 = 585.1935, jedoch läßt die von Luyten angegebene Amplitude Miraart erwarten.

Feld γ Phe

Bezeichnung	1875.0	1875.0	Größen		Art	Bem.
S 7138 Phe	0h 59m 1s	—45°48'.7	13m.5	14m.5	RR Lyrae	
S 7139 Phe	0 59 10	—43 47.6	15	16	RR Lyrae	
S 7140 Phe	1 1 6	—47 14.3	15.5	16	RR Lyrae	
S 7141 Phe	1 1 20	—42 37.8	14.5	15.5	RR Lyrae	
S 7142 Phe	1 1 30	—47 16.3	15.5	16	Bedeckungsstern?	
S 7143 Phe	1 4 20	—42 47.8	12.5	13	RR Lyrae	
S 7144 Phe	1 4 35	—46 4.3	16	17	RR Lyrae	
S 7145 Phe	1 6 33	—41 53.3	14	15	RR Lyrae	
S 7146 Phe	1 7 24	—44 32.2	16	17	RR Lyrae?	1
S 7147 Phe	1 7 47	—47 39.4	15.5	16	kurzperiodisch	2
S 7148 Phe	1 10 58	—40 22.2	10	10.5	kurzperiodisch	3
S 7149 Phe	1 10 59	—40 29.2	14.5	15	Bedeckungsstern	4
S 7150 Phe	1 11 8	—45 59.3	15	15.5	Bedeckungsstern?	5
S 7151 Phe	1 11 16	—40 11.3	15	15.5	RR Lyrae	

Bezeichnung	1875.0	1875.0	Größen	Art	Bem.
S 7152 Phe	$1^h14^m\ 0^s$	$-47°13'.7$	$14^m.5\ 15^m$	Bedeckungsstern ?	6
S 7153 Phe	1 14 9	—47 54.5	15 15.5	langsam ver.	7
S 7154 Phe	1 17 40	—42 58.0	14.5 16:	U Geminorum-ähnlich	
S 7155 Phe	1 18 24	—42 9.4	11.5 12	Bedeckungsstern ?	8
S 7156 Phe	1 19 6	—45 35.3	15 15.5	RR Lyrae	
S 7157 Phe	1 19 31	—46 12.2	14 15	RR Lyrae	
S 7158 Phe	1 20 2	—42 27.8	11 11.5	Algol	9
S 7159 Phe	1 20 45	—40 9.7	14.5 15.5	RR Lyrae	
S 7160 Phe	1 22 12	—43 39.1	15.5 16.5	RR Lyrae	
S 7161 Phe	1 22 49	—46 3.4	12.5 13	Algol	10
S 7162 Phe	1 24 38	—42 9.2	14 14.5	Bedeckungsstern	11
S 7163 Phe	1 25 44	—44 38.1	12.5 13.5	Algol	
S 7164 Phe	1 28 20	—44 27.8	12 12.5	Algol	
S 7165 Phe	1 30 40	—42 39.7	14.5 15	langsam ver.	12
S 7166 Phe	1 32 8	—41 54.1	14.5 15.5	RR Lyrae	
S 7167 Phe	1 33 32	—46 33.3	14.5 15.5	RR Lyrae	
S 7168 Phe	1 33 46	—40 7.0	14 15	RR Lyrae	
S 7169 Phe	1 35 1	—42 15.4	13.5 14	RR Lyrae	
S 7170 Phe	1 35 38	—46 55.6	14.5 15.5	RR Lyrae	
S 7171 Phe	1 35 49	—48 10.0	14 15	RR Lyrae	
S 7172 Phe	1 37 16	—46 34.8	12.5 13	Algol	
S 7173 Phe	1 37 17	—47 18.5	11 11.5	mittellange Periode	13
S 7174 Phe	1 40 16	—46 51.7	14 15	RR Lyrae	
S 7175 Phe	1 40 35	—46 3.9	14 14.5	RR Lyrae	
S 7176 Phe	1 41 10	—47 59.1	15 15.5	RR Lyrae	
S 7177 Phe	1 45 21	—47 35.6	13 13.5	Bedeckungsstern	14
S 7178 Phe	1 51 45	—44 57.6	14 15	RR Lyrae	

Bemerkungen: 1. Schwach, aber wahrscheinlich sicher. — 2. Bedeckungsstern ? — 3. Sehr wahrscheinlich raschwechselnder Bedeckungsstern. CoD —40°288 ($9^m.5$), CPD —40°117 ($9^m.9$). — 4. Kleine Amplitude. — 5. Grenzfall wegen sehr kleiner Amplitude. — 6. Kleine Amplitude. — 7. Rascher Lichtwechsel nicht ganz auszuschließen. — 8. Schwierig wegen sehr kleiner Amplitude. CoD —42°487 (10^m). — 9. CoD —42°496 ($9^m.5$), CPD —42°136 ($10^m.0$). — 10. Sicher geschwächt nur auf 4 Platten 1959 Juli 9 und 10 und 1 Platte Okt. 7. Vielleicht lange Periode. — 11. Sehr kleine Amplitude. — 12. Vielleicht mittellange Periode. — 13. CoD —47°513 ($9^m.1$), CPD —47°199 ($9^m.8$). — 14. Kleine Amplitude.

Feld ι Sgr

Bezeichnung	1875.0	1875.0	Größen	Art	Bem.
S 7179 Sgr	$19^h20^m39^s$	$-43°13'.8$	$13^m.5\ 14^m$	Bedeckungsstern	1
S 7180 Sgr	19 20 54	—39 38.1	14 14.5	kurzperiodisch	2
S 7181 Sgr	19 21 32	—39 37.2	15 15.5	RR Lyrae	
S 7182 Sgr	19 26 1	—44 30.4	13.5 14.5	RR Lyrae	
S 7183 Sgr	19 28 57	—43 49.5	13.5 14.5	kurzperiodisch	3
S 7184 Sgr	19 29 16	—41 8.2	14.5 15.5	RR Lyrae	
S 7185 Sgr	19 29 46	—40 39.5	13.5 14	β Lyrae	4
S 7186 Sgr	19 30 2	—41 8.6	13 [16	langperiodisch	5
S 7187 Sgr	19 30 43	—43 7.9	14 14.5	Bedeckungsstern	6

Bezeichnung	1875.0	1875.0	Größen	Art	Bem.
S 7188 Sgr	$19^h30^m49^s$	$-42°39'.7$	12^m 15^m	langperiodisch	
S 7189 Sgr	19 30 51	—42 7.8	14.5 15.5	RR Lyrae	
S 7190 Sgr	19 30 58	—43 28.8	15 15.5	kurzperiodisch	7
S 7191 Sgr	19 31 45	—39 38.7	13 14	RR Lyrae	
S 7192 Sgr	19 31 52	—42 30.4	13 13.5	Bedeckungsstern	
S 7193 Sgr	19 32 6	—37 9.9	14 14.5	Algol	8
S 7194 Sgr	19 32 9	—36 28.8	13.5 15	RR Lyrae	
S 7195 Sgr	19 32 14	—39 9.1	13 14	RR Lyrae	
S 7196 Sgr	19 32 18	—38 54.0	14 15	RR Lyrae	
S 7197 Sgr	19 32 28	—37 55.1	15 15.5	RR Lyrae	
S 7198 Sgr	19 33 8	—39 0.4	15 16	RR Lyrae	
S 7199 Sgr	19 33 38	—40 2.7	14.5 15.5	RR Lyrae	
S 7200 Sgr	19 33 55	—37 53.1	12.5 16.5	langperiodisch	
S 7201 Sgr	19 33 57	—40 29.4	13 13.5	RW Aurigae-ähnlich	9
S 7202 Sgr	19 34 0	—40 22.0	13 14	langsam ver.	
S 7203 Sgr	19 34 7	—41 37.0	14 15.5	kurzperiodisch	10
S 7204 Sgr	19 34 12	—38 57.1	12.5 15	Algol	
S 7205 Sgr	19 34 12	—40 51.0	14.5 15	RR Lyrae	
S 7206 Sgr	19 34 12	—40 27.5	15 15.5	RW Aurigae-ähnlich	11
S 7207 Sgr	19 34 18	—40 37.8	15 15.5	RR Lyrae	
S 7208 Sgr	19 34 38	—38 4.3	14 14.5	langsam ver.	12
S 7209 Sgr	19 34 47	—38 52.5	14 14.5	langsam ver.	
S 7210 Sgr	19 34 53	—39 1.1	15 16	RR Lyrae	
S 7211 Sgr	19 34 54	—38 43.6	12.5 13	Bedeckungsstern	
S 7212 Sgr	19 36 1	—44 34.2	13 14	RR Lyrae	
S 7213 Sgr	19 36 3	—39 35.0	13.5 14.5	RR Lyrae	
S 7214 Sgr	19 36 4	—37 42.9	15 16	RR Lyrae	
S 7215 Sgr	19 36 6	—40 4.4	13 13.5	kurzperiodisch	13
S 7216 Sgr	19 36 15	—39 52.1	15 16	RR Lyrae	
S 7217 Sgr	19 36 23	—38 5.9	13 13.5	langsam ver.	
S 7218 Sgr	19 36 36	—41 16.8	16 17	RR Lyrae	
S 7219 Sgr	19 36 37	—37 43.7	14 14.5	kurzperiodisch	14
S 7220 Sgr	19 36 45	—45 12.9	14 14.5	RR Lyrae	
S 7221 Sgr	19 36 54	—37 30.8	13 13.5	Bedeckungsstern	
S 7222 Sgr	19 36 57	—37 56.1	14.5 15.5	RR Lyrae	
S 7223 Sgr	19 37 0	—38 42.8	13.5 14.5	RR Lyrae	
S 7224 Sgr	19 37 43	—41 42.7	16 16.5	RR Lyrae	
S 7225 Sgr	19 37 50	—39 6.8	14 15	RR Lyrae	
S 7226 Sgr	19 37 56	—37 40.4	12.5 13	Algol	
S 7227 Sgr	19 38 22	—38 52.3	15.5 16.5	Algol	
S 7228 Sgr	19 38 32	—45 21.1	13 14	RR Lyrae	
S 7229 Sgr	19 38 33	—40 22.1	13.5 14	RW Aurigae-ähnlich	15
S 7230 Sgr	19 38 45	—43 55.8	13.5 14	Algol	
S 7231 Sgr	19 38 49	—37 57.5	15 15.5	Bedeckungsstern	
S 7232 Sgr	19 39 0	—44 3.3	15 15.5	RR Lyrae	
S 7233 Sgr	19 39 5	—42 48.2	16 17	RR Lyrae	
S 7234 Sgr	19 39 22	—42 58.0	14 15	RR Lyrae	
S 7235 Sgr	19 39 22	—42 38.1	15 15.5	kurzperiodisch	16
S 7236 Sgr	19 39 42	—40 37.2	14 14.5	RR Lyrae ?	17
S 7237 Sgr	19 39 43	—39 7.0	13.5 14	mittellange Periode	
S 7238 Sgr	19 39 48	—39 16.5	15 16	RR Lyrae	

Bezeichnung	1875.0	1875.0	Größen		Art	Bem.
S 7239 Sgr	$19^h 39^m 52^s$	$-38° 48'.5$	14^m	15^m	RR Lyrae	
S 7240 Sgr	19 40 3	—42 59.3	14	15.5	langsam ver.	18
S 7241 Sgr	19 40 19	—38 36.1	15.5	16	Bedeckungsstern	
S 7242 Sgr	19 40 35	—37 29.0	12	12.5	Bedeckungsstern	
S 7243 Sgr	19 41 7	—42 45.1	10.5	11	Algol-ähnlich	19
S 7244 Sgr	19 41 28	—45 15.1	14	15	RR Lyrae	
S 7245 Sgr	19 41 35	—37 30.6	11	11.5	unregelmäßig	20
S 7246 Sgr	19 41 48	—45 15.9	14.5	15.5	RR Lyrae	
S 7247 Sgr	19 42 14	—44 8.0	14	14.5	kurzperiodisch	21
S 7248 Sgr	19 42 44	—41 44.4	13.5	14	RR Lyrae	
S 7249 Sgr	19 43 39	—39 42.1	16	17	RR Lyrae	
S 7250 Sgr	19 43 43	—38 44.2	15	16	RR Lyrae	
S 7251 Sgr	19 44 6	—43 20.6	12	13	Algol	
S 7252 Sgr	19 44 19	—39 16.4	14	15	RR Lyrae	
S 7253 Sgr	19 44 30	—38 29.2	12.5	13.5	kurzperiodisch	22
S 7254 Sgr	19 44 48	—39 30.2	13.5	14	langsam ver.	
S 7255 Sgr	19 45 21	—40 14.3	15	16	RR Lyrae	
S 7256 Sgr	19 45 51	—39 26.0	15	16	RR Lyrae	
S 7257 Sgr	19 45 58	—43 50.4	15.5	16.5	RR Lyrae	
S 7258 Sgr	19 45 59	—40 18.5	12.5	13	Algol-ähnlich	
S 7259 Sgr	19 46 27	—45 23.0	14.5	15.5	RR Lyrae	
S 7260 Sgr	19 46 42	—43 20.8	13	16	langperiodisch	
S 7261 Sgr	19 46 49	—40 0.3	15	15.5	Bedeckungsstern	23
S 7262 Sgr	19 46 56	—38 41.6	14	14.5	langsam ver.	
S 7263 Sgr	19 47 26	—41 34.4	15	16	Algol	
S 7264 Sgr	19 47 32	—43 59.8	13	14	RW Aurigae-ähnlich	24
S 7265 Sgr	19 47 39	—41 54.0	14.5	15.5	RR Lyrae	
S 7266 Sgr	19 47 53	—40 28.2	14.5	15	kurzperiodisch	25
S 7267 Sgr	19 48 16	—40 52.5	11.5	12	langsam ver.	
S 7268 Sgr	19 48 16	—39 56.6	14	15.5	RR Lyrae	
S 7269 Sgr	19 48 38	—42 14.9	15	16	RR Lyrae	26
S 7270 Sgr	19 49 16	—39 29.8	15.5	16	RW Aurigae-ähnlich	27
S 7271 Sgr	19 49 25	—39 50.2	15	15.5	RR Lyrae	
S 7272 Sgr	19 49 32	—42 15.7	14	14.5	langsam ver.	
S 7273 Sgr	19 50 29	—39 16.0	15.5	[16.5	U Geminorum	28
S 7274 Sgr	19 50 46	—43 13.4	15	15.5	RR Lyrae	29
S 7275 Sgr	19 50 49	—40 12.8	15	16	RR Lyrae	
S 7276 Sgr	19 50 57	—43 49.3	15.5	16.5	RR Lyrae	
S 7277 Sgr	19 51 3	—45 5.3	15	16	RR Lyrae	30
S 7278 Sgr	19 51 8	—38 46.2	14	15	RR Lyrae	
S 7279 Tel	19 51 28	—45 38.2	12.5	13.5	RR Lyrae	
S 7280 Sgr	19 51 29	—39 42.4	14.5	15	RR Lyrae	
S 7281 Sgr	19 51 35	—44 50.5	14.5	15	RR Lyrae	31
S 7282 Sgr	19 51 50	—42 38.9	15	15.5	kurzperiodisch	32
S 7283 Sgr	19 51 55	—43 52.5	13	14	langsam ver.	
S 7284 Sgr	19 52 13	—40 48.7	15.5	16	RR Lyrae	
S 7285 Sgr	19 53 10	—43 35.2	15.5	16.5	RR Lyrae	33
S 7286 Sgr	19 53 12	—39 31.5	14	15	RR Lyrae	
S 7287 Sgr	19 53 21	—44 36.7	14	17	langperiodisch	
S 7288 Sgr	19 53 51	—42 19.6	14	14.5	langsam ver.?	34
S 7289 Sgr	19 54 5	—42 48.5	14	14.5	Bedeckungsstern	

Bezeichnung	1875.0	1875.0	Größen	Art	Bem.
S 7290 Sgr	$19^h54^m16^s$	$-37°20'.4$	$13^m.5$ 14^m	RR Lyrae?	35
S 7291 Sgr	19 54 59	—40 29.0	13.5 14.5	RR Lyrae	
S 7292 Sgr	19 55 0	—36 57.1	15 16	RR Lyrae	
S 7293 Sgr	19 56 20	—40 36.4	14.5 15.5	RR Lyrae	
S 7294 Sgr	19 56 37	—37 36.0	14.5 15	kurzperiodisch?	36
S 7295 Sgr	19 56 47	—42 57.5	13 14	RR Lyrae	
S 7296 Sgr	19 57 39	—39 14.0	14 15	langsam ver.	
S 7297 Sgr	19 58 6	—42 23.6	15 16	RR Lyrae	
S 7298 Tel	19 58 33	—45 40.2	14 15	RR Lyrae	
S 7299 Sgr	19 58 40	—44 10.4	11.5 12.5	RR Lyrae	
S 7300 Sgr	19 58 42	—39 22.2	13.5 14	Bedeckungsstern	
S 7301 Sgr	19 59 5	—43 5.2	13 13.5	kurzperiodisch	37
S 7302 Sgr	19 59 5	—41 32.1	15 16	RR Lyrae	
S 7303 Sgr	19 59 10	—38 53.0	10 10.5	Algol	38
S 7304 Sgr	19 59 49	—41 18.3	14.5 15.5	RR Lyrae	
S 7305 Sgr	20 0 16	—39 51.8	15 16	kurzperiodisch	39
S 7306 Sgr	20 0 29	—44 0.3	11 12	langsam ver.	
S 7307 Sgr	20 0 31	—36 20.4	13 14	RR Lyrae	
S 7308 Sgr	20 0 36	—42 11.0	12 13	RR Lyrae	
S 7309 Sgr	20 0 41	—42 29.0	9.5 10	kurzperiodisch	40
S 7310 Sgr	20 0 43	—40 21.0	15 15.5	Bedeckungsstern?	41
S 7311 Sgr	20 1 58	—44 18.6	14.5 [16	Supernova	42
S 7312 Sgr	20 2 7	—43 59.2	13.5 14	RR Lyrae	
S 7313 Sgr	20 2 25	—43 14.0	15 16	RR Lyrae	
S 7314 Sgr	20 2 42	—43 35.8	13 13.5	langsam ver.	43
S 7315 Sgr	20 3 14	—38 18.1	15.5 16.5	RR Lyrae	
S 7316 Sgr	20 3 18	—37 2.1	15 16.5	RR Lyrae	44
S 7317 Sgr	20 3 30	—39 1.5	13.5 14.5	RR Lyrae	
S 7318 Sgr	20 3 53	—38 45.7	14.5 15.5	RR Lyrae	
S 7319 Sgr	20 4 4	—39 8.7	14 15	langsam ver.	
S 7320 Sgr	20 4 10	—37 56.8	16 16.5	RR Lyrae?	45
S 7321 Sgr	20 4 13	—38 6.5	13 13.5	RR Lyrae	
S 7322 Sgr	20 4 46	—38 32.3	15.5 16.5	RR Lyrae	
S 7323 Sgr	20 5 5	—38 21.5	13.5 14	RR Lyrae	
S 7324 Sgr	20 5 18	—38 11.1	15.5 16	langsam ver.	
S 7325 Sgr	20 5 34	—38 12.1	13.5 14	Bedeckungsstern	46
S 7326 Sgr	20 5 50	—38 38.4	15.5 16	RR Lyrae	
S 7327 Sgr	20 6 23	—39 50.6	13 13.5	Algol	
S 7328 Sgr	20 7 8	—38 2.5	15 16	RR Lyrae	
S 7329 Sgr	20 7 27	—40 49.3	14.5 15	kurzperiodisch?	47
S 7330 Sgr	20 8 24	—42 0.0	16 16.5	RR Lyrae	
S 7331 Sgr	20 8 32	—38 2.4	15 16	RR Lyrae	
S 7332 Sgr	20 8 42	—38 24.0	12.5 13	langsam ver.	
S 7333 Sgr	20 8 54	—37 37.2	14 14.5	RR Lyrae	48
S 7334 Sgr	20 9 5	—41 27.2	14 15	RR Lyrae	
S 7335 Sgr	20 9 9	—43 21.8	15 15.5	Bedeckungsstern	49
S 7336 Sgr	20 9 35	—38 16.9	15 16	RR Lyrae	
S 7337 Sgr	20 9 52	—41 2.4	15.5 16.5	langsam ver.	
S 7338 Sgr	20 10 2	—43 40.9	14.5 16	RR Lyrae	
S 7339 Sgr	20 10 2	—39 16.8	14.5 15.5	RR Lyrae	
S 7340 Sgr	20 10 12	—42 5.6	15 16	Algol	50

Bezeichnung	1875.0	1875.0	Größen	Art	Bem.
S 7341 Sgr	$20^h10^m26^s$	—36°58′.1	$13^m.5$ 14^m	Algol	51
S 7342 Sgr	20 10 30	—41 53.6	14.5 15	RR Lyrae	
S 7343 Sgr	20 11 25	—41 3.7	14.5 15	RR Lyrae	
S 7344 Sgr	20 11 56	—39 7.5	14 15	RR Lyrae	
S 7345 Sgr	20 11 56	—37 48.5	14 14.5	Bedeckungsstern ?	
S 7346 Sgr	20 12 33	—43 57.3	12.5 13	Algol	
S 7347 Sgr	20 12 49	—36 40.2	13 14.5	RR Lyrae	
S 7348 Sgr	20 13 28	—44 0.0	14 14.5	RR Lyrae ?	52
S 7349 Sgr	20 14 23	—42 17.0	10.5 11.5	langsam ver.	53
S 7350 Sgr	20 14 32	—42 45.8	15 16	RR Lyrae	
S 7351 Sgr	20 14 45	—42 29.9	14 15.5	Algol	
S 7352 Sgr	20 15 14	—39 2.2	15 16	RR Lyrae	
S 7353 Sgr	20 15 22	—40 0.9	15.5 16.5	RR Lyrae	
S 7354 Sgr	20 16 32	—42 47.0	15 16	langsam ver.	54
S 7355 Sgr	20 16 43	—43 19.1	14.5 15.5	RR Lyrae	
S 7356 Sgr	20 17 57	—45 27.6	13.5 14.5	kurzperiodisch	55

Bemerkungen: 1. Raschwechselnd. — 2. RR Lyrae ? — 3. Wahrscheinlich RR Lyrae-Art. — 4. Raschwechselnd. — 5. Offenbar Mirastern. — 6. Kleine Amplitude. — 7. Wahrscheinlich Bedeckungsstern. — 8. Kleine Amplitude. — 9. Mäßig rascher Lichtwechsel; Art unsicher. — 10. Wahrscheinlich Bedeckungsstern. — 11. Normal schwach, selten geringe Erhellungen. — 12. Geringe Amplitude. — 13. RR Lyrae-Art ? — 14. RR Lyrae-Art ? Kleine Amplitude. — 15. Meist langsam veränderlich, doch zeitweilig mäßig rascher Wechsel. — 16. Wahrscheinlich Bedeckungsstern. — 17. Geringe Amplitude. — 18. Wahrscheinlich langperiodisch. — 19. Art unsicher. CoD —42°14484 ($9^m.8$), nicht in CPD. — 20. Ziemlich rascher Lichtwechsel, Art wegen sehr kleiner Amplitude schwer zu bestimmen. — 21. Wahrscheinlich Bedeckungsstern; kleine Amplitude. — 22. Wahrscheinlich δ Cephei-Stern. — 23. Kleine Amplitude. — 24. Art unsicher. — 25. Wahrscheinlich RR Lyrae-Art, Untertypus c, jedoch Bedeckungslichtwechsel nicht ganz auszuschließen. — 26. Selten im Maximum, Lichtkurve offenbar sehr spitz. — 27. Meist in mittlerer Größe; wegen kleiner Amplitude Artbestimmung unsicher. — 28. Art unsicher. Hell 1959 April 17, Juli 9 und 10. — 29. Kleine Amplitude. — 30. Im SA 183, Gr. $16^m.10$. — 31. Im SA 183. — 32. RR Lyrae-Art ? — 33. Unperiodischer Lichtwechsel möglich. — 34. Sehr geringer Lichtwechsel. — 35. Geringe Amplitude. — 36. RR Lyrae-Art ? Schwierig wegen kleiner Amplitude. — 37. Wahrscheinlich Bedeckungsstern. — 38. CoD —38°13866 ($9^m.0$), CPD —38°7948 ($10^m.4$). — 39. RR Lyrae-Art ? — 40. Wahrscheinlich δ Cephei-Stern. CoD —42°14707 ($9^m.9$), CPD —42°9020 ($10^m.2$). — 41. Sehr kleine Amplitude. — 42. In spindelförmigem Nebel, der etwa 15^m ist, dem Kern sehr dicht südlich folgend. — 43. Kleine Amplitude. — 44. Art unsicher. — 45. Dürfte trotz Lichtschwäche sicher sein. — 46. Kleine Amplitude, wahrscheinlich raschwechselnd. — 47. RR Lyrae-Art ? Schwierig, Periode vielleicht sehr kurz. — 48. Art unsicher. — 49. Kleine Amplitude. — 50. Vielleicht algolähnlich. — 51. Kleine Amplitude. — 52. Geringe Amplitude. — 53. CoD —42°14840 ($9^m.8$). — 54. Art unsicher. — 55. δ Cephei-Stern ? In der äußersten Ecke des Feldes.

Feld η_1 CrA

Bezeichnung	1875.0	1875.0	Größen	Art	Bem.
S 7357 Tel	$18^h13^m48^s$	—47° 9′.1	14^m 15^m	—	1
S 7358 CrA	18 15 20	—44 0.2	13.5 14	—	2
S 7359 Tel	18 16 17	—45 47.9	13.5 14	—	
S 7360 CrA	18 16 23	—40 57.8	14 14.5	—	
S 7361 CrA	18 17 8	—45 3.8	12 13	—	
S 7362 CrA	18 17 9	—40 39.6	16 17	—	
S 7363 CrA	18 17 25	—43 17.1	13.5 14	langsam ver. ?	
S 7364 CrA	18 17 34	—40 44.4	15 16	—	
S 7365 CrA	18 17 39	—44 27.6	15.5 16	—	3
S 7366 CrA	18 17 44	—41 50.9	16 16.5	—	
S 7367 Tel	18 18 10	—45 30.9	14.5 15	—	
S 7368 CrA	18 18 40	—45 1.3	15 16	kurzperiodisch	4
S 7369 Tel	18 19 9	—47 35.8	15 16	kurzperiodisch	
S 7370 CrA	18 19 28	—42 18.9	14.5 15.5	—	
S 7371 CrA	18 19 55	—43 49.6	15 [17	Mira	
S 7372 CrA	18 20 9	—40 40.5	15 16.5	langperiodisch	
S 7373 CrA	18 20 14	—43 49.5	16 17	kurzperiodisch	
S 7374 CrA	18 20 51	—39 56.8	13.5 14	—	
S 7375 CrA	18 20 59	—40 59.0	15.5 16.5	kurzperiodisch	
S 7376 CrA	18 21 1	—43 8.2	15 16	langperiodisch	
S 7377 CrA	18 21 25	—40 12.7	14 15	—	
S 7378 CrA	18 21 30	—43 33.6	16 16.5	—	
S 7379 CrA	18 21 37	—45 27.7	16 16.5	kurzperiodisch	5
S 7380 CrA	18 21 46	—43 41.6	16 16.5	—	
S 7381 CrA	18 21 46	—43 53.0	15 16	—	
S 7382 CrA	18 22 14	—41 55.7	14 14.5	—	
S 7383 Tel	18 22 37	—46 43.5	15 15.5	—	
S 7384 Tel	18 22 44	—45 45.1	16 17	kurzperiodisch	6
S 7385 CrA	18 22 53	—42 41.4	15 16	kurzperiodisch	
S 7386 CrA	18 23 21	—43 8.0	15 16.5	—	
S 7387 Tel	18 23 29	—47 31.7	15.5 16	—	7
S 7388 CrA	18 23 48	—43 31.8	15 15.5	—	
S 7389 Tel	18 23 50	—48 12.7	13.5 14	—	8
S 7390 CrA	18 24 5	—42 50.7	15 17	langperiodisch	
S 7391 CrA	18 24 18	—41 12.1	16 16.5	—	9
S 7392 CrA	18 24 55	—41 19.6	15.5 16	—	
S 7393 Tel	18 24 56	—46 15.8	15.5 16	—	
S 7394 CrA	18 25 19	—44 32.7	15 15.5	—	
S 7395 CrA	18 25 41	—44 46.3	14.5 15.5	—	
S 7396 CrA	18 26 22	—40 12.4	15 16	—	
S 7397 CrA	18 26 36	—44 52.5	14.5 15.5	—	
S 7398 CrA	18 27 48	—41 57.4	16 17	RR Lyrae ?	
S 7399 Tel	18 28 0	—46 33.3	15 16	—	
S 7400 Tel	18 28 5	—47 11.7	15 15.5	—	
S 7401 CrA	18 28 23	—40 31.2	15.5 16	—	
S 7402 CrA	18 28 46	—41 57.4	10 10.5	—	10
S 7403 CrA	18 29 24	—44 54.4	15 16	—	
S 7404 CrA	18 29 25	—40 7.9	16 17	—	
S 7405 CrA	18 29 55	—44 16.7	15.5 17	langperiodisch	

Bezeichnung	1875.0	1875.0	Größen	Art	Bem.
S 7406 CrA	$18^h31^m34^s$	—45°19′.4	$13^m.5$ 14^m	langsam ver.?	
S 7407 CrA	18 31 51	—44 25.2	15.5 16.5	—	
S 7408 CrA	18 32 36	—42 7.1	15.5 16.5	—	
S 7409 CrA	18 32 42	—41 5.1	14.5 15	—	
S 7410 Tel	18 33 47	—45 39.5	15 15.5	—	11
S 7411 CrA	18 33 48	—40 48.7	15.5 16.5	—	
S 7412 CrA	18 33 52	—43 18.2	11 11.5	—	12
S 7413 CrA	18 33 56	—40 38.2	14.5 15	—	13
S 7414 Tel	18 34 24	—47 28.2	15 16	—	
S 7415 CrA	18 34 27	—42 42.1	15.5 16.5	—	
S 7416 CrA	18 34 37	—44 1.2	15 15.5	—	
S 7417 Tel	18 34 40	—46 17.6	15.5 16.5	—	14
S 7418 CrA	18 35 11	—42 35.3	15.5 16	—	
S 7419 Tel	18 35 23	—47 15.2	15 15.5	—	15
S 7420 CrA	18 35 28	—44 23.6	13.5 15.5	—	16
S 7421 Tel	18 35 54	—47 17.1	15 15.5	—	
S 7422 Tel	18 36 5	—46 33.2	14.5 16.5	—	
S 7423 CrA	18 36 21	—45 5.4	13 15	langperiodisch	
S 7424 Tel	18 36 25	—48 2.2	13 15	langperiodisch	
S 7425 Tel	18 36 41	—47 41.7	15.5 17	—	
S 7426 CrA	18 36 49	—45 5.2	16 17	RR Lyrae?	
S 7427 Tel	18 37 40	—47 28.5	15 16	—	
S 7428 Tel	18 37 47	—48 8.1	14.5 15	—	17
S 7429 Tel	18 38 49	—46 33.2	15 16	—	
S 7430 CrA	18 40 8	—41 29.9	15.5 16	—	
S 7431 Tel	18 40 13	—47 54.7	13 14	—	
S 7432 CrA	18 41 34	—42 22.8	13 14.5	—	
S 7433 CrA	18 42 8	—45 24.0	13.5 14	—	
S 7434 CrA	18 42 22	—45 14.2	15 15.5	—	
S 7435 Tel	18 44 21	—45 33.5	15 16	—	
S 7436 CrA	18 44 30	—41 35.6	15 15.5	—	
S 7437 CrA	18 45 32	—41 2.7	16 17	—	
S 7438 Tel	18 45 56	—48 5.6	14 15	—	
S 7439 CrA	18 46 45	—39 47.2	15.5 16.5	—	
S 7440 Tel	18 47 11	—46 30.4	14 15	—	
S 7441 Tel	18 47 26	—47 52.8	14.5 15.5	—	
S 7442 CrA	18 47 35	—44 49.2	14.5 15	—	
S 7443 Tel	18 47 41	—45 55.0	13.5 14	—	
S 7444 Tel	18 48 25	—45 37.2	14.5 15	—	
S 7445 CrA	18 48 41	—41 8.8	15 16.5	—	
S 7446 CrA	18 49 20	—43 10.2	15 15.5	—	
S 7447 CrA	18 50 19	—43 39.1	14 15	—	
S 7448 CrA	18 50 40	—40 40.1	15.5 16	—	
S 7449 CrA	18 51 10	—44 23.2	14 16	langperiodisch	18
S 7450 CrA	18 51 33	—42 12.3	15 15.5	—	
S 7451 CrA	18 52 53	—44 20.4	14.5 15.5	—	
S 7452 Tel	18 52 58	—46 49.6	9 9.5	—	19
S 7453 CrA	18 53 59	—41 55.4	15.5 16	—	20
S 7454 CrA	18 54 2	—42 11.3	14 15	—	
S 7455 CrA	18 54 4	—41 24.7	15.5 16.5	—	
S 7456 Tel	18 54 7	—46 9.4	14 15	—	

Bezeichnung	1875.0	1875.0	Größen	Art	Bem.
S 7457 CrA	$18^h54^m54^s$	$-42°51'.6$	15^m $15^m.5$	—	
S 7458 CrA	18 56 35	—44 33.0	15 15.5	—	
S 7459 CrA	18 57 44	—41 3.5	13 14	—	
S 7460 Tel	18 58 10	—46 6.9	15.5 16	—	21
S 7461 CrA	18 58 17	—40 30.0	13.5 14	—	
S 7462 CrA	18 59 7	—44 2.1	15 15.5	—	
S 7463 Tel	18 59 41	—47 26.0	13.5 14.5	—	
S 7464 CrA	18 59 58	—41 34.4	14.5 15	—	
S 7465 CrA	19 0 7	—40 40.0	14.5 15	—	
S 7466 Tel	19 0 24	—45 47.8	14.5 15	—	
S 7467 CrA	19 2 19	—45 9.2	14.5 15	—	22

Bemerkungen: 1. Wahrscheinlich langperiodisch; auf Johannesbg. Karte —46° No. 92 unsichtbar. — 2. Kleine Amplitude. — 3. Schwierig. — 4. Wahrscheinlich RR Lyrae-Art. — 5. RR Lyrae? — 6. RR Lyrae? — 7. Bestätigung erforderlich. — 8. Wahrscheinlich langperiodisch, da auf Johannesbg. Karte —46° No. 92 [$15^m.5$. — 9. Dem Ort nach identisch mit LUYTENS 550.1935, aber um 3 Größenklassen schwächer. — 10. CoD —41° 12968 ($8^m.7$), CPD —41°8729 ($9^m.2$), HDC 171576 Sp. Ao. — 11. Wahrscheinlich kurzperiodisch. — 12. CoD —43°12748 ($9^m.9$), CPD —43°8730 ($10^m.2$). — 13. Kleine Amplitude, langsamer Lichtwechsel? — 14. Wahrscheinlich kurzperiodisch. — 15. Geringe Amplitude. — 16. Wahrscheinlich langperiodisch. — 17. Wahrscheinlich kurzperiodisch. — 18. Hell auf Johannesbg. Karte —46° No. 96. — 19. CoD —46°12764 ($9^m.6$), CPD —46°9578 ($8^m.6$), HDC 176387 Sp. Ao. — 20. Schwierig, Bestätigung erwünscht. — 21. Sehr kleine Amplitude, nicht ganz sicher. — 22. Sehr kleine Amplitude.

Feld Gru

Bezeichnung	1875.0	1875.0	Größen	Art	Bem.
S 7468 Gru	$21^h25^m6^s$	$-49°52'.2$	$13^m.5$ 14^m	kurzperiodisch	
S 7469 Gru	21 31 50	—46 52.1	15 15.5	kurzperiodisch	
S 7470 Gru	21 34 44	—43 10.5	15 15.5	kurzperiodisch	
S 7471 Gru	21 35 32	—40 26.4	14 14.5	kurzperiodisch ?	1
S 7472 Gru	21 42 56	—46 46.5	14.5 15	RR Lyrae	
S 7473 Gru	21 43 37	—42 9.9	15.5 16	Bedeckungsstern ?	
S 7474 Gru	21 50 56	—43 30.5	13.5 14	RR Lyrae	
S 7475 Gru	21 51 19	—44 56.9	13.5 14	RR Lyrae	
S 7476 Gru	21 56 32	—46 1.0	12.5 13.5	RR Lyrae	
S 7477 Gru	21 57 4	—44 18.4	14.5 15.5	RR Lyrae	
S 7478 Gru	21 57 49	—48 0.4	15 15.5	kurzperiodisch	2
S 7479 Gru	22 0 42	—43 12.5	16 17	RR Lyrae	
S 7480 Gru	22 2 26	—43 15.4	13 14	kurzperiodisch	3
S 7481 Gru	22 5 57	—41 20.4	12.5 13	kurzperiodisch	4
S 7482 Gru	22 6 1	—42 36.0	14.5 15.5	RR Lyrae	
S 7483 Gru	22 6 32	—44 14.8	14.5 15	RR Lyrae	
S 7484 Gru	22 7 26	—45 27.2	14 14.5	RR Lyrae	
S 7485 Gru	22 8 49	—42 17.9	14.5 15	RR Lyrae	
S 7486 Gru	22 9 12	—40 33.3	13.5 14	RR Lyrae	
S 7487 Gru	22 18 59	—41 37.4	13.5 14	RR Lyrae	

Bezeichnung	1875.0	1875.0	Größen	Art	Bem.
S 7488 Gru	$22^h19^m35^s$	—41°10′.0	$13^m.5$ $14^m.5$	RR Lyrae	
S 7489 Gru	22 27 11	—44 26.6	14.5 15	kurzperiodisch	5
S 7490 Gru	22 27 48	—40 11.6	15.5 16	RR Lyrae ?	
S 7491 Gru	22 39 58	—42 6.3	15 15.5	kurzperiodisch	6

Bemerkungen: 1. Sehr kleine Amplitude. — 2. Vielleicht Bedeckungsstern; kleine Amplitude. — 3. RR Lyrae-Art ? — 4. RR Lyrae-Art ? — 5. Kleine Amplitude, vielleicht Bedeckungsstern. — 6. RR Lyrae ?

Feld τ Lib

Bezeichnung	1875.0	1875.0	Größen	Art	Bem.
S 7492 Lib	$15^h13^m33^s$	—29°13′.3	$15^m.5$ 16^m	RR Lyrae	
S 7493 Lup	15 15 9	—29 46.7	16 17	RR Lyrae	
S 7494 Lup	15 16 20	—33 55.0	15 16.5	kurzperiodisch	
S 7495 Lib	15 17 7	—29 18.5	15.5 17	kurzperiodisch	1
S 7496 Lib	15 18 6	—26 46.9	14.5 16	RR Lyrae	
S 7497 Lib	15 18 18	—27 37.8	15 15.5	kurzperiodisch	2
S 7498 Lup	15 20 43	—30 28.6	15.5 17	kurzperiodisch	3
S 7499 Lup	15 20 52	—30 25.8	13.5 14	kurzperiodisch	
S 7500 Lib	15 23 30	—26 56.1	14.5 15	kurzperiodisch	
S 7501 Lup	15 25 4	—32 51.6	15 16	kurzperiodisch	
S 7502 Lup	15 27 45	—30 11.4	13 14	kurzperiodisch	
S 7503 Lup	15 30 30	—32 44.4	15 16	kurzperiodisch	4
S 7504 Lib	15 32 47	—28 47.9	15.5 16.5	kurzperiodisch	5
S 7505 Lup	15 33 30	—31 10.7	15 16	kurzperiodisch	
S 7506 Lib	15 33 46	—28 24.0	16 16.5	kurzperiodisch	
S 7507 Lup	15 36 0	—30 23.8	14 14.5	kurzperiodisch	
S 7508 Lib	15 36 6	—25 23.8	15.5 17	kurzperiodisch ?	
S 7509 Lib	15 36 38	—28 6.7	15 16	kurzperiodisch	
S 7510 Lup	15 36 50	—33 31.5	13.5 14	kurzperiodisch	
S 7511 Lup	15 37 27	—31 58.0	10.5 11	kurzperiodisch	6
S 7512 Lib	15 39 3	—27 55.9	15 16	kurzperiodisch	
S 7513 Lib	15 39 39	—27 54.3	13 13.5	kurzperiodisch	
S 7514 Lib	15 39 46	—29 9.9	15 15.5	kurzperiodisch ?	7
S 7515 Sco	15 40 8	—25 53.1	14.5 16	kurzperiodisch	
S 7516 Lup	15 40 11	—29 41.2	15.5 16	kurzperiodisch	
S 7517 Sco	15 40 14	—25 39.0	15.5 16.5	kurzperiodisch	
S 7518 Lup	15 41 45	—30 4.5	16 17	RR Lyrae ?	8
S 7519 Lup	15 42 28	—31 4.0	14 15	kurzperiodisch	
S 7520 Sco	15 45 13	—25 42.9	10.5 11	—	9
S 7521 Sco	15 45 19	—27 39.8	16 17	kurzperiodisch	
S 7522 Sco	15 45 31	—27 52.8	14.5 15.5	kurzperiodisch	
S 7523 Lup	15 46 3	—31 21.3	15.5 16	kurzperiodisch	
S 7524 Sco	15 46 25	—26 16.7	15 16	—	
S 7525 Sco	15 46 49	—29 14.4	15 15.5	kurzperiodisch	
S 7526 Sco	15 47 3	—29 9.4	15 16	kurzperiodisch	
S 7527 Sco	15 47 59	—27 11.5	15 15.5	kurzperiodisch	
S 7528 Sco	15 48 21	—28 52.9	15 16	kurzperiodisch	
S 7529 Sco	15 48 34	—27 52.4	14.5 15	langsam ver. ?	10

Bezeichnung	1875.0	1875.0	Größen	Art	Bem.
S 7530 Lup	$15^h48^m57^s$	—30°20′.1	$13^m.5$ 15^m	langperiodisch	
S 7531 Sco	15 49 7	—27 52.6	15.5 16	kurzperiodisch ?	11
S 7532 Lup	15 49 24	—29 40.1	15 16	kurzperiodisch	
S 7533 Sco	15 49 41	—29 12.2	15 15.5	kurzperiodisch	

Bemerkungen: 1. Wahrscheinlich RR Lyrae-Art. — 2. Sehr kleine Amplitude. — 3. Vielleicht Algol-Art. — 4. Wahrscheinlich RR Lyrae-Art. — 5. RR Lyrae-Art ? — 6. Bedeckungsstern ? CoD —31°12232 ($9^m.5$), CPD —31°4201 ($9^m.7$). — 7. Sehr kleine Amplitude. — 8. Trotz Schwäche wahrscheinlich reell. — 9. Wahrscheinlich langsam veränderlich. CoD —25° 11162 ($8^m.9$), CPD —25°5681 ($9^m.0$). — 10. Sehr kleine Amplitude. — 11. Kleine Amplitude.

Feld τ Sco

Bezeichnung	1875.0	1875.0	Größen	Art	Bem.
S 7534 Sco	$16^h\ 8^m52^s$	—29°35′.6	15^m [16^m	langperiodisch ?	
S 7535 Sco	16 9 2	—29 33.2	14 15	RR Lyrae	
S 7536 Sco	16 9 14	—28 4.5	14.5 15	kurzperiodisch	
S 7537 Sco	16 11 52	—30 36.7	14 14.5	kurzperiodisch	
S 7538 Sco	16 12 37	—32 6.3	14.5 15	—	
S 7539 Sco	16 13 7	—26 52.7	15 15.5	—	1
S 7540 Sco	16 13 8	—30 39.0	14 15	kurzperiodisch	2
S 7541 Sco	16 13 54	—28 31.4	15 15.5	kurzperiodisch ?	3
S 7542 Sco	16 14 12	—29 43.2	16 17	—	
S 7543 Sco	16 14 27	—31 49.3	12 12.5	—	4
S 7544 Sco	16 16 29	—29 30.0	15 15.5	—	
S 7545 Sco	16 19 42	—26 41.9	15.5 16.5	kurzperiodisch	
S 7546 Sco	16 20 27	—30 11.3	15.5 16	—	
S 7547 Sco	16 21 50	—29 27.8	16 17	kurzperiodisch	
S 7548 Sco	16 21 59	—31 5.5	15 17	langperiodisch	
S 7549 Sco	16 22 59	—30 20.5	15.5 16	kurzperiodisch	
S 7550 Sco	16 25 3	—26 37.9	16 17	—	
S 7551 Sco	16 26 13	—31 29.6	15.5 17	—	5
S 7552 Sco	16 26 23	—30 28.4	14 14.5	—	6
S 7553 Sco	16 26 51	—27 52.0	15.5 16	—	7
S 7554 Sco	16 28 53	—29 39.6	16 17	—	
S 7555 Sco	16 29 3	—30 41.1	13 13.5	—	
S 7556 Sco	16 29 30	—30 2.7	16 17	—	
S 7557 Sco	16 30 28	—30 0.4	14 14.5	—	
S 7558 Sco	16 30 51	—30 0.8	15 16	—	
S 7559 Sco	16 30 57	—30 51.9	15 15.5	—	
S 7560 Sco	16 31 51	—29 6.8	16 [17	—	
S 7561 Sco	16 32 3	—25 20.6	15 15.5	—	
S 7562 Sco	16 32 35	—25 55.2	14 14.5	—	
S 7563 Sco	16 33 44	—29 1.5	16 16.5	—	
S 7564 Sco	16 34 19	—24 38.8	14 15.5	—	
S 7565 Oph	16 35 6	—24 1.1	15.5 [16.5	—	8
S 7566 Sco	16 36 36	—30 17.6	15.5 16	—	9
S 7567 Sco	16 36 48	—29 18.3	15 15.5	—	
S 7568 Sco	16 37 44	—26 29.6	15 15.5	—	

Bezeichnung	1875.0	1875.0	Größen	Art	Bem.
S 7569 Sco	$16^h38^m16^s$	$-28°10'.2$	15^m 16^m	—	
S 7570 Sco	16 39 8	—31 6.5	15.5 16	—	10
S 7571 Sco	16 39 15	—26 12.3	15 15.5	—	11
S 7572 Sco	16 41 59	—30 13.9	15 16	—	12
S 7573 Oph	16 47 0	—26 48.0	15 16	—	
S 7574 Oph	16 47 0	—28 9.6	15.5 16.5	—	
S 7575 Oph	16 47 13	—25 50.6	13.5 14	—	13

Bemerkungen: 1. Am Rande der Dunkelwolken. — 2. Algolart? — 3. Bedeckungsstern? — 4. Wahrscheinlich langsam veränderlich. CoD —31°12824 ($9^m.3$), CPD —31°4376 ($9^m.9$). — 5. Wahrscheinlich langperiodisch. — 6. Sehr kleine Amplitude. — 7. Kleine Amplitude. — 8. Bestätigung erforderlich. — 9. Sehr kleine Amplitude; Bestätigung erwünscht. — 10. Sehr kleine Amplitude. — 11. Identität mit DG Sco sehr zweifelhaft. — 12. Kaum identisch mit GT Sco. — 13. Identität mit KX Oph kaum möglich.

TAFELN

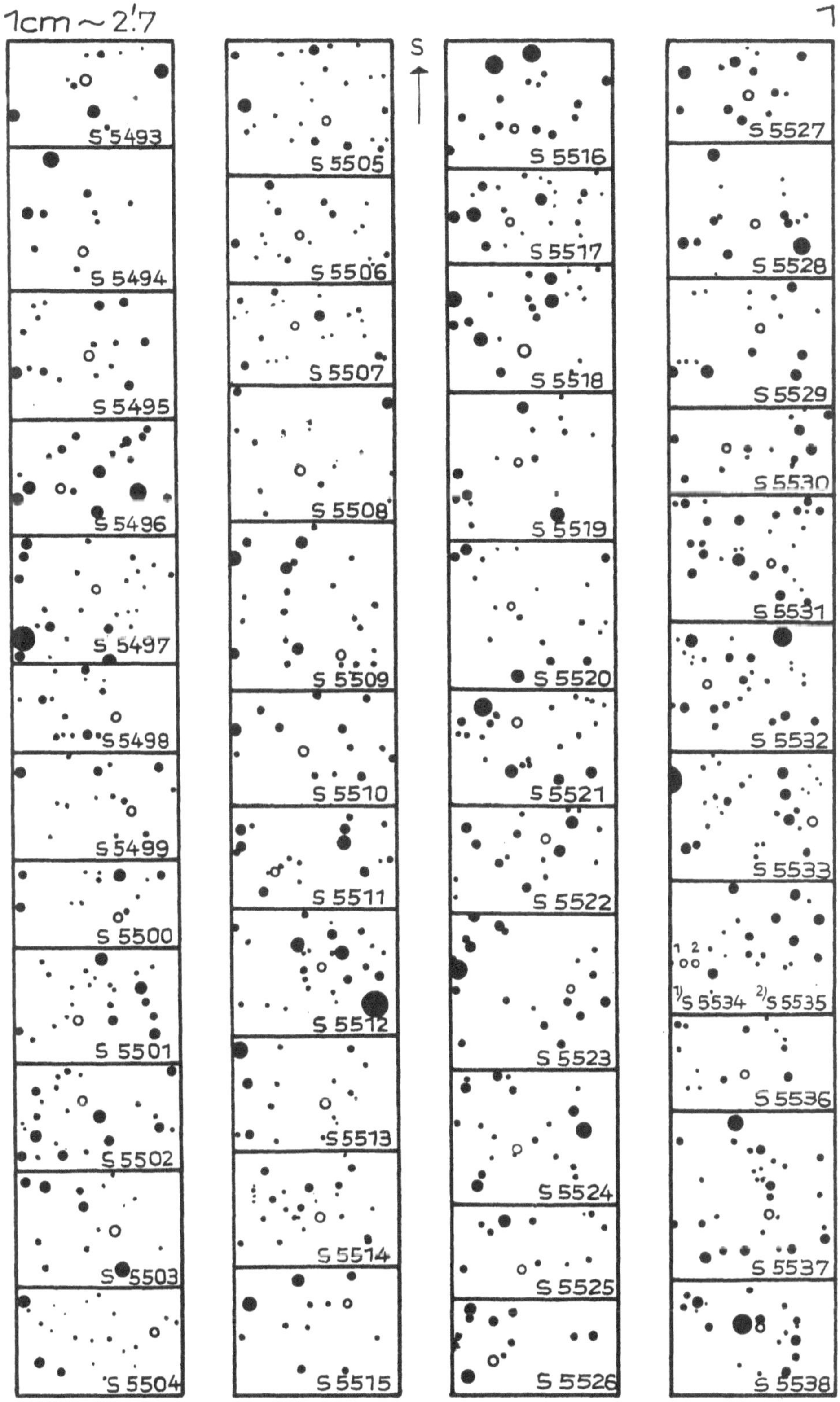
1cm ~ 2'7
S
S 5493
S 5494
S 5495
S 5496
S 5497
S 5498
S 5499
S 5500
S 5501
S 5502
S 5503
S 5504
S 5505
S 5506
S 5507
S 5508
S 5509
S 5510
S 5511
S 5512
S 5513
S 5514
S 5515
S 5516
S 5517
S 5518
S 5519
S 5520
S 5521
S 5522
S 5523
S 5524
S 5525
S 5526
S 5527
S 5528
S 5529
S 5530
S 5531
S 5532
S 5533
1 2
1) S 5534 2) S 5535
S 5536
S 5537
S 5538

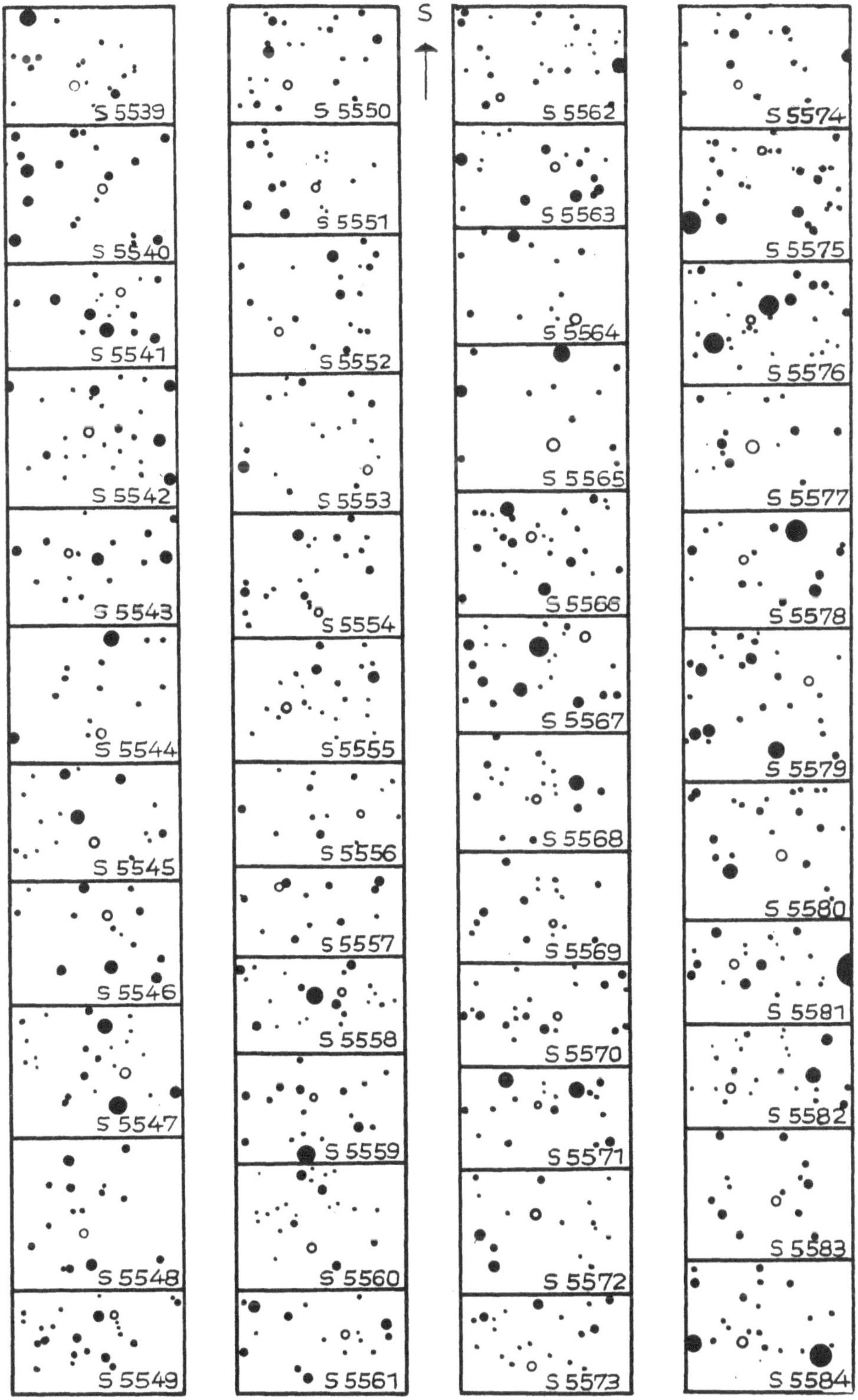
S
S 5539
S 5540
S 5541
S 5542
S 5543
S 5544
S 5545
S 5546
S 5547
S 5548
S 5549
S 5550
S 5551
S 5552
S 5553
S 5554
S 5555
S 5556
S 5557
S 5558
S 5559
S 5560
S 5561
S 5562
S 5563
S 5564
S 5565
S 5566
S 5567
S 5568
S 5569
S 5570
S 5571
S 5572
S 5573
S 5574
S 5575
S 5576
S 5577
S 5578
S 5579
S 5580
S 5581
S 5582
S 5583
S 5584

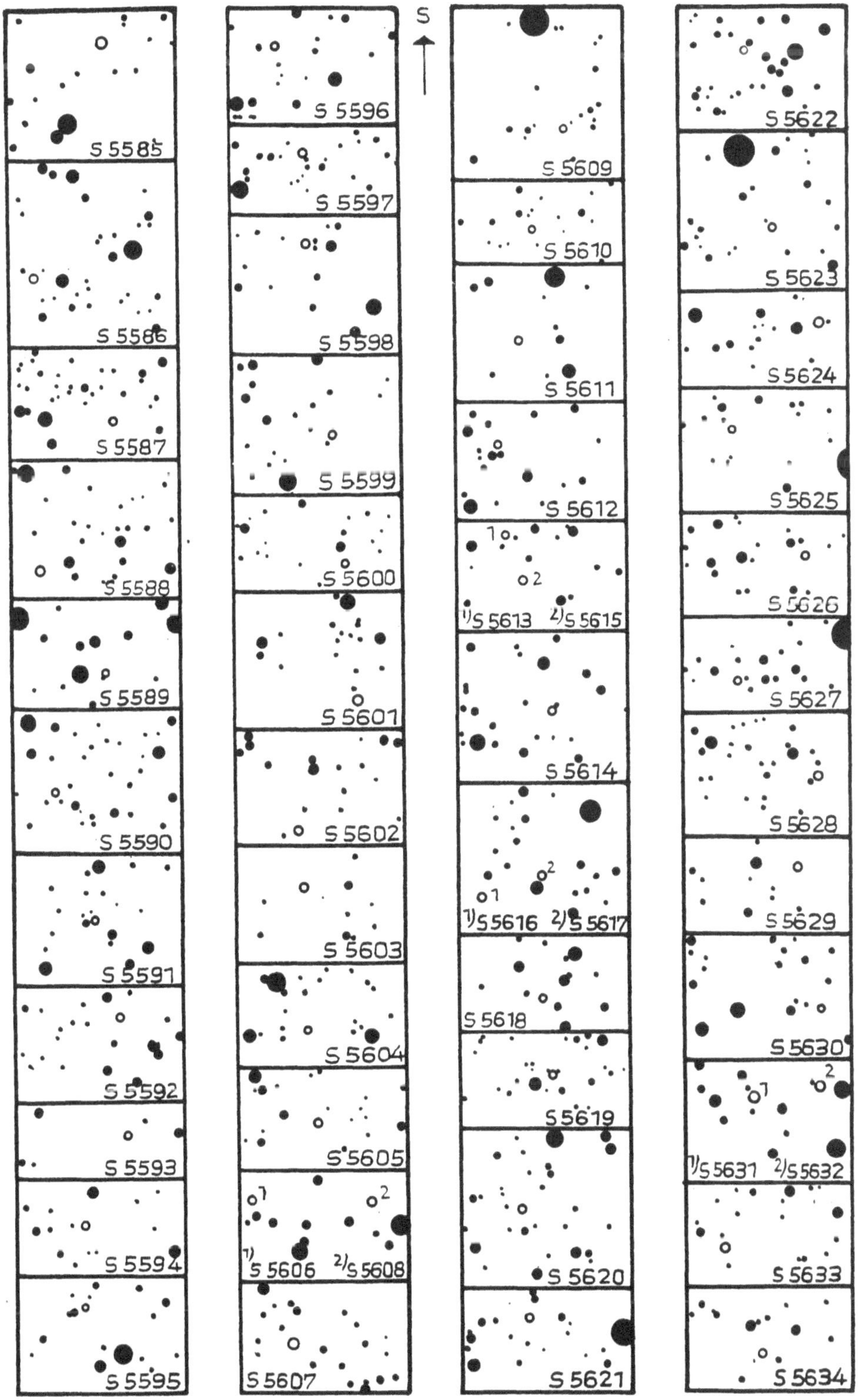
S
S 5585
S 5586
S 5587
S 5588
S 5589
S 5590
S 5591
S 5592
S 5593
S 5594
S 5595
S 5596
S 5597
S 5598
S 5599
S 5600
S 5601
S 5602
S 5603
S 5604
S 5605
1) S 5606
2) S 5608
S 5607
S 5609
S 5610
S 5611
S 5612
1) S 5613
2) S 5615
S 5614
1) S 5616
2) S 5617
S 5618
S 5619
S 5620
S 5621
S 5622
S 5623
S 5624
S 5625
S 5626
S 5627
S 5628
S 5629
S 5630
1) S 5631
2) S 5632
S 5633
S 5634

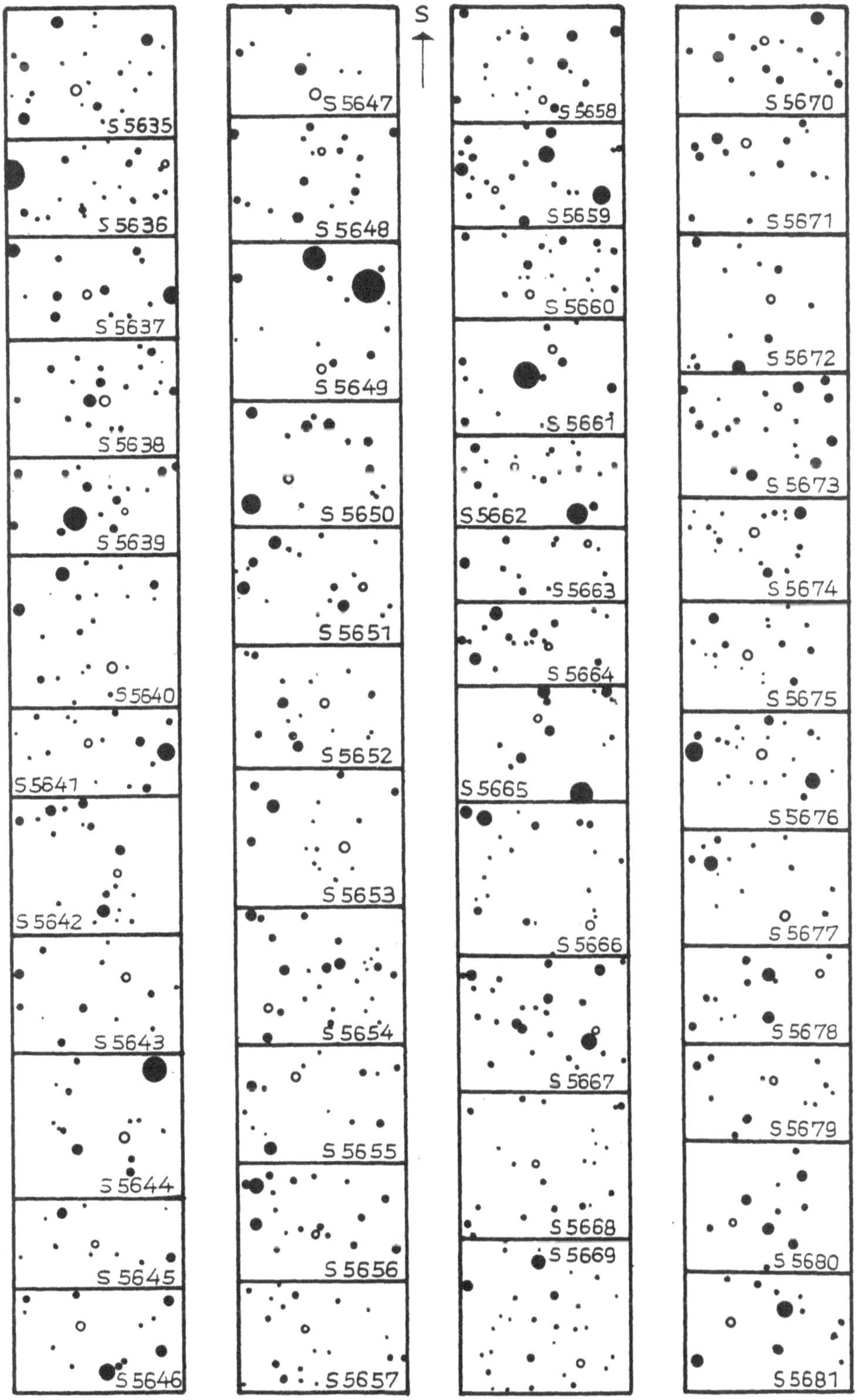
S
S 5635
S 5636
S 5637
S 5638
S 5639
S 5640
S 5641
S 5642
S 5643
S 5644
S 5645
S 5646
S 5647
S 5648
S 5649
S 5650
S 5651
S 5652
S 5653
S 5654
S 5655
S 5656
S 5657
S 5658
S 5659
S 5660
S 5661
S 5662
S 5663
S 5664
S 5665
S 5666
S 5667
S 5668
S 5669
S 5670
S 5671
S 5672
S 5673
S 5674
S 5675
S 5676
S 5677
S 5678
S 5679
S 5680
S 5681

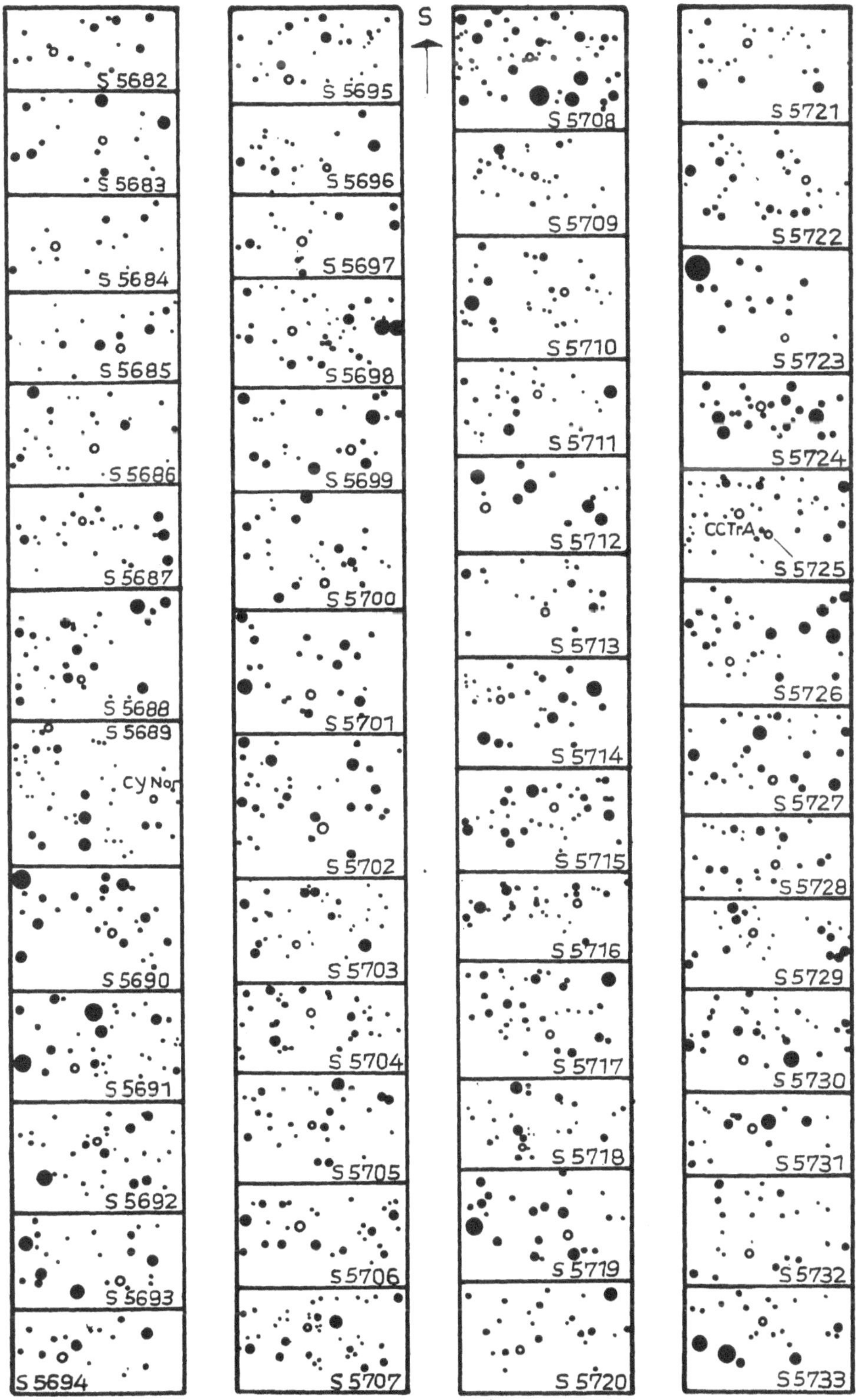
S
S 5682
S 5683
S 5684
S 5685
S 5686
S 5687
S 5688
S 5689
CY Nor
S 5690
S 5691
S 5692
S 5693
S 5694
S 5695
S 5696
S 5697
S 5698
S 5699
S 5700
S 5701
S 5702
S 5703
S 5704
S 5705
S 5706
S 5707
S 5708
S 5709
S 5710
S 5711
S 5712
S 5713
S 5714
S 5715
S 5716
S 5717
S 5718
S 5719
S 5720
S 5721
S 5722
S 5723
S 5724
CC TrA
S 5725
S 5726
S 5727
S 5728
S 5729
S 5730
S 5731
S 5732
S 5733

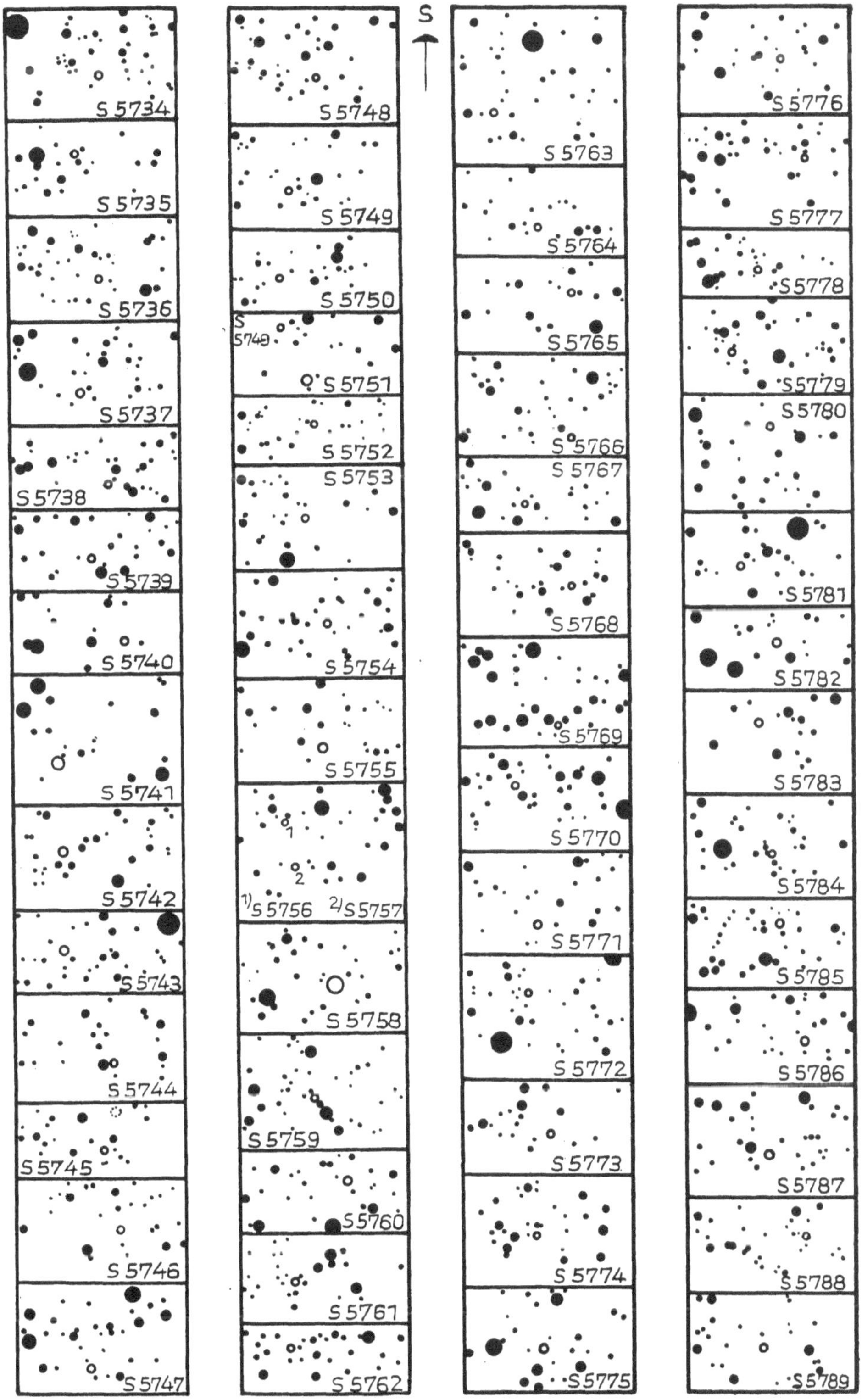
S
S 5734
S 5735
S 5736
S 5737
S 5738
S 5739
S 5740
S 5741
S 5742
S 5743
S 5744
S 5745
S 5746
S 5747
S 5748
S 5749
S 5750
S 5749
S 5751
S 5752
S 5753
S 5754
S 5755
1
2
1) S 5756
2) S 5757
S 5758
S 5759
S 5760
S 5761
S 5762
S 5763
S 5764
S 5765
S 5766
S 5767
S 5768
S 5769
S 5770
S 5771
S 5772
S 5773
S 5774
S 5775
S 5776
S 5777
S 5778
S 5779
S 5780
S 5781
S 5782
S 5783
S 5784
S 5785
S 5786
S 5787
S 5788
S 5789

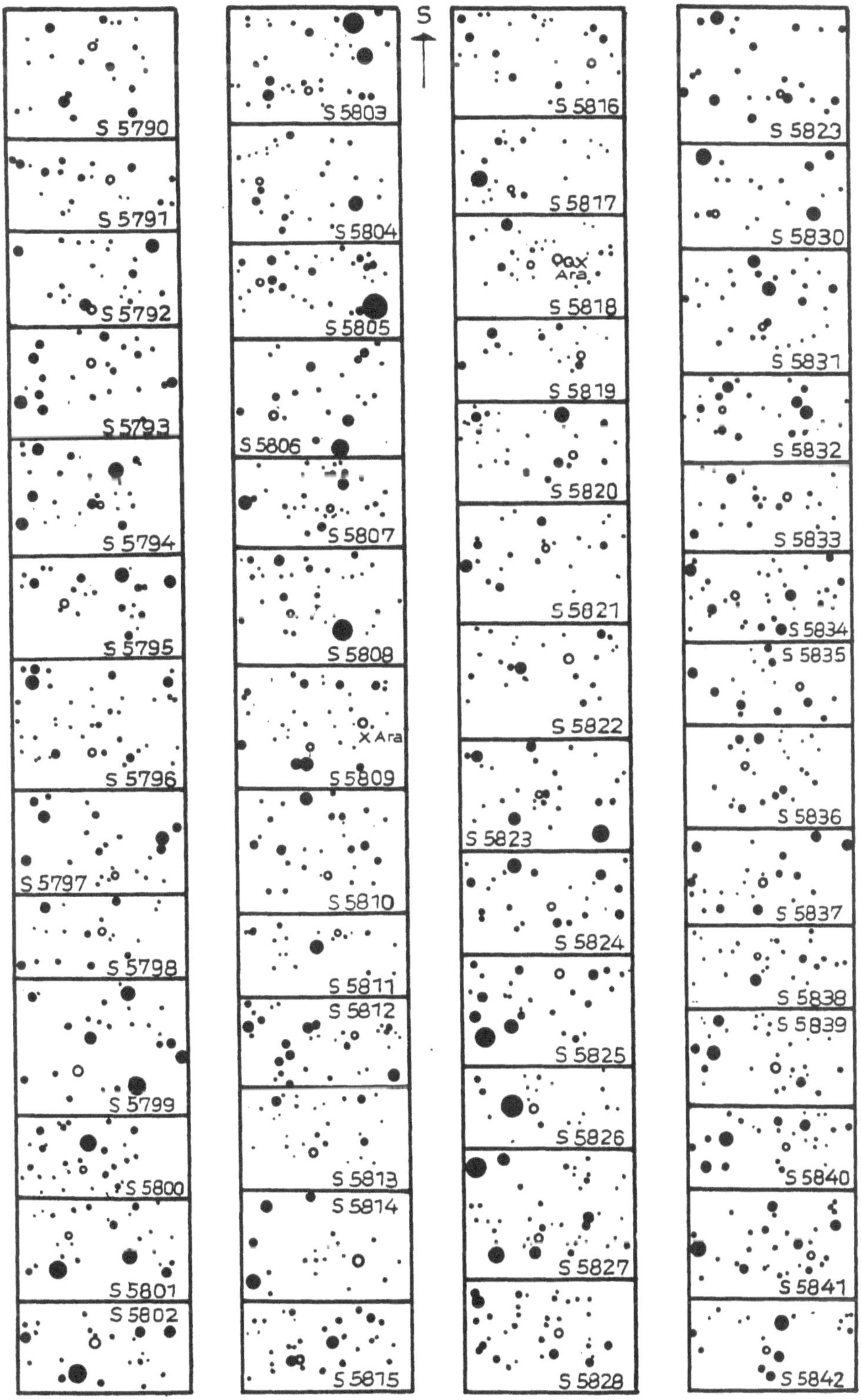
S
S 5790
S 5791
S 5792
S 5793
S 5794
S 5795
S 5796
S 5797
S 5798
S 5799
S 5800
S 5801
S 5802
S 5803
S 5804
S 5805
S 5806
S 5807
S 5808
X Ara
S 5809
S 5810
S 5811
S 5812
S 5813
S 5814
S 5815
S 5816
S 5817
QX Ara
S 5818
S 5819
S 5820
S 5821
S 5822
S 5823
S 5824
S 5825
S 5826
S 5827
S 5828
S 5823
S 5830
S 5831
S 5832
S 5833
S 5834
S 5835
S 5836
S 5837
S 5838
S 5839
S 5840
S 5841
S 5842

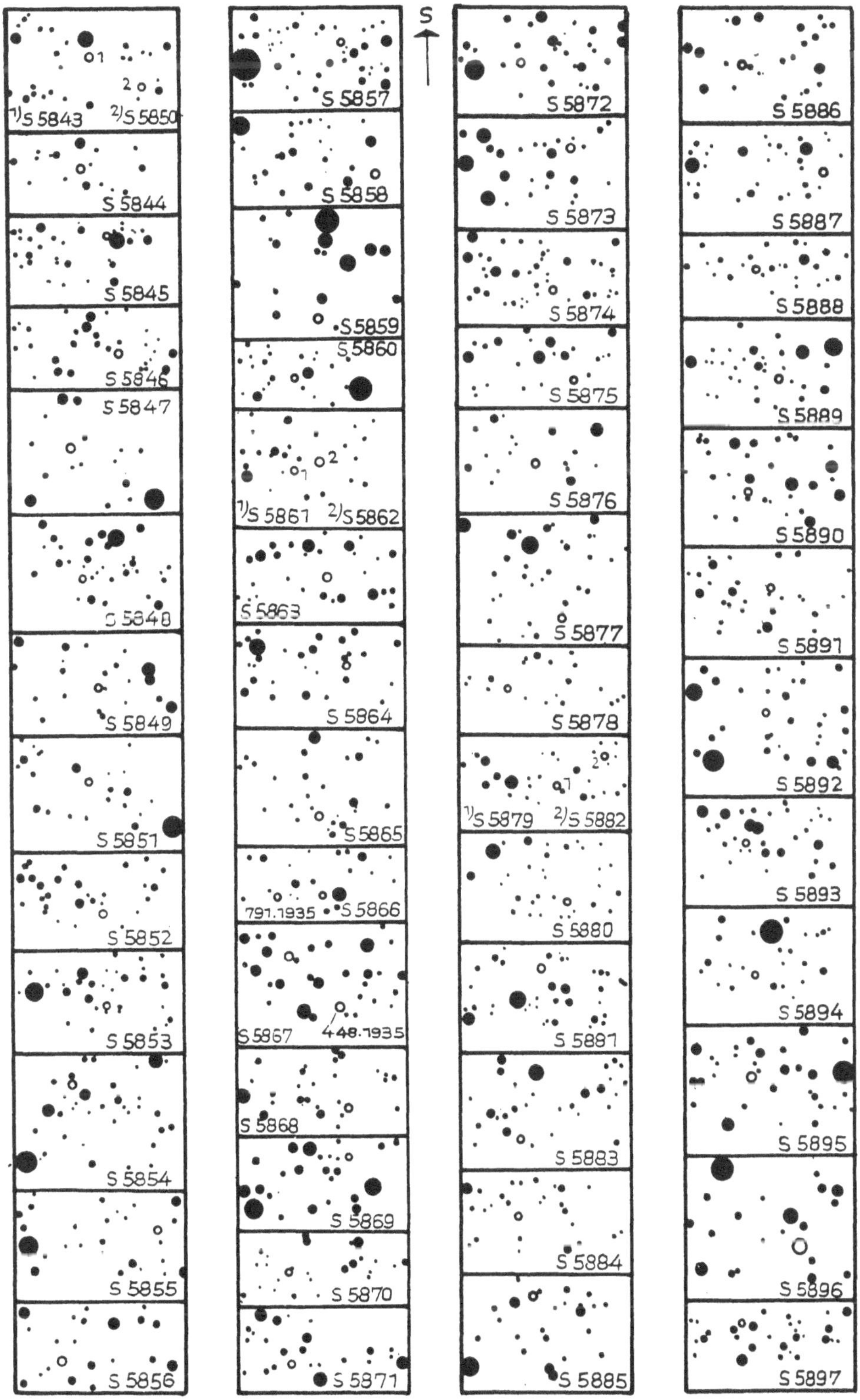
S
1)S 5843
2)S 5850
S 5844
S 5845
S 5846
S 5847
S 5848
S 5849
S 5851
S 5852
S 5853
S 5854
S 5855
S 5856
S 5857
S 5858
S 5859
S 5860
1)S 5861
2)S 5862
S 5863
S 5864
S 5865
791.1935
S 5866
S 5867
448.1935
S 5868
S 5869
S 5870
S 5871
S 5872
S 5873
S 5874
S 5875
S 5876
S 5877
S 5878
1)S 5879
2)S 5882
S 5880
S 5881
S 5883
S 5884
S 5885
S 5886
S 5887
S 5888
S 5889
S 5890
S 5891
S 5892
S 5893
S 5894
S 5895
S 5896
S 5897

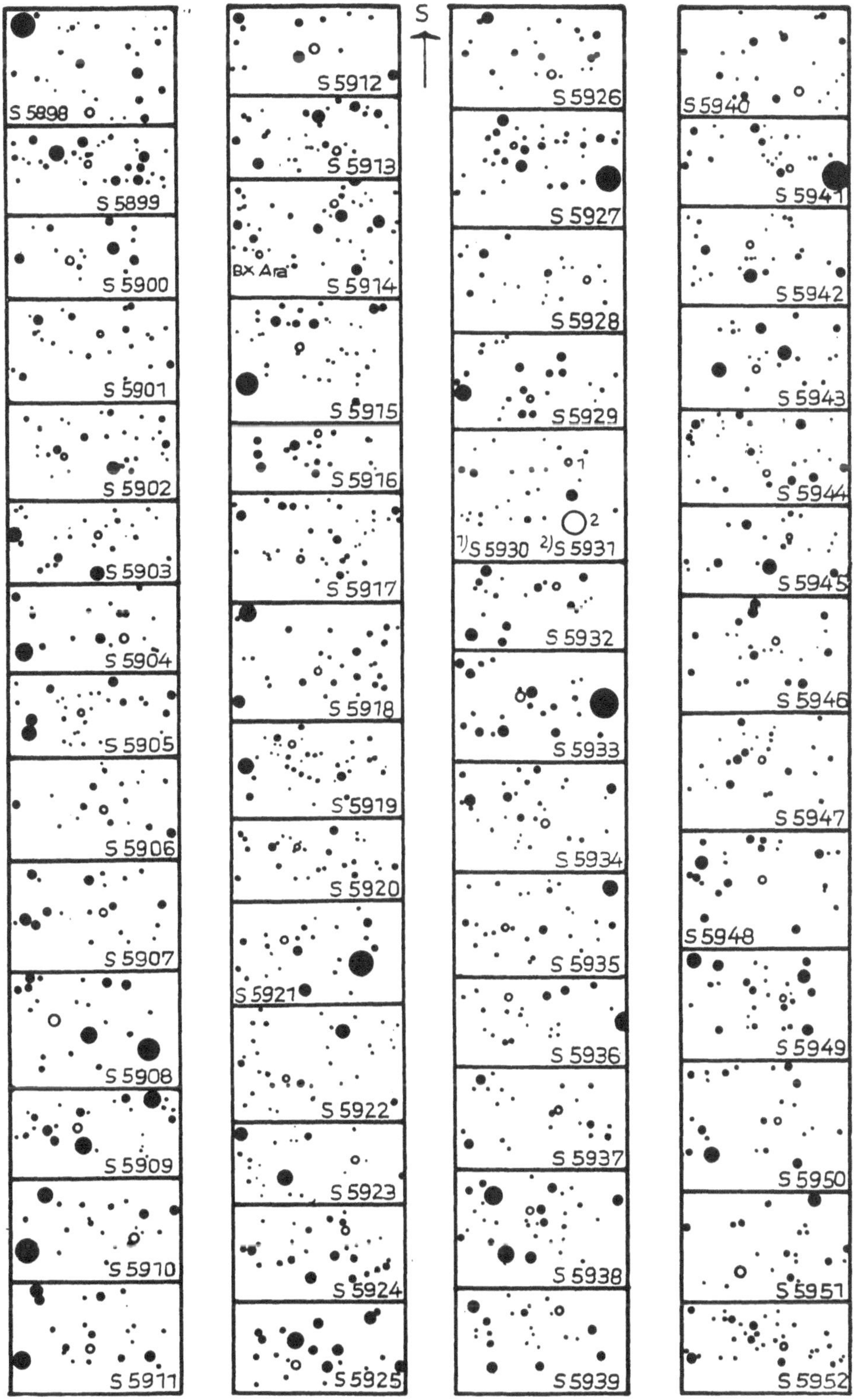
S
S 5898
S 5899
S 5900
S 5901
S 5902
S 5903
S 5904
S 5905
S 5906
S 5907
S 5908
S 5909
S 5910
S 5911
S 5912
S 5913
BX Ara
S 5914
S 5915
S 5916
S 5917
S 5918
S 5919
S 5920
S 5921
S 5922
S 5923
S 5924
S 5925
S 5926
S 5927
S 5928
S 5929
1
2
1) S 5930
2) S 5931
S 5932
S 5933
S 5934
S 5935
S 5936
S 5937
S 5938
S 5939
S 5940
S 5941
S 5942
S 5943
S 5944
S 5945
S 5946
S 5947
S 5948
S 5949
S 5950
S 5951
S 5952

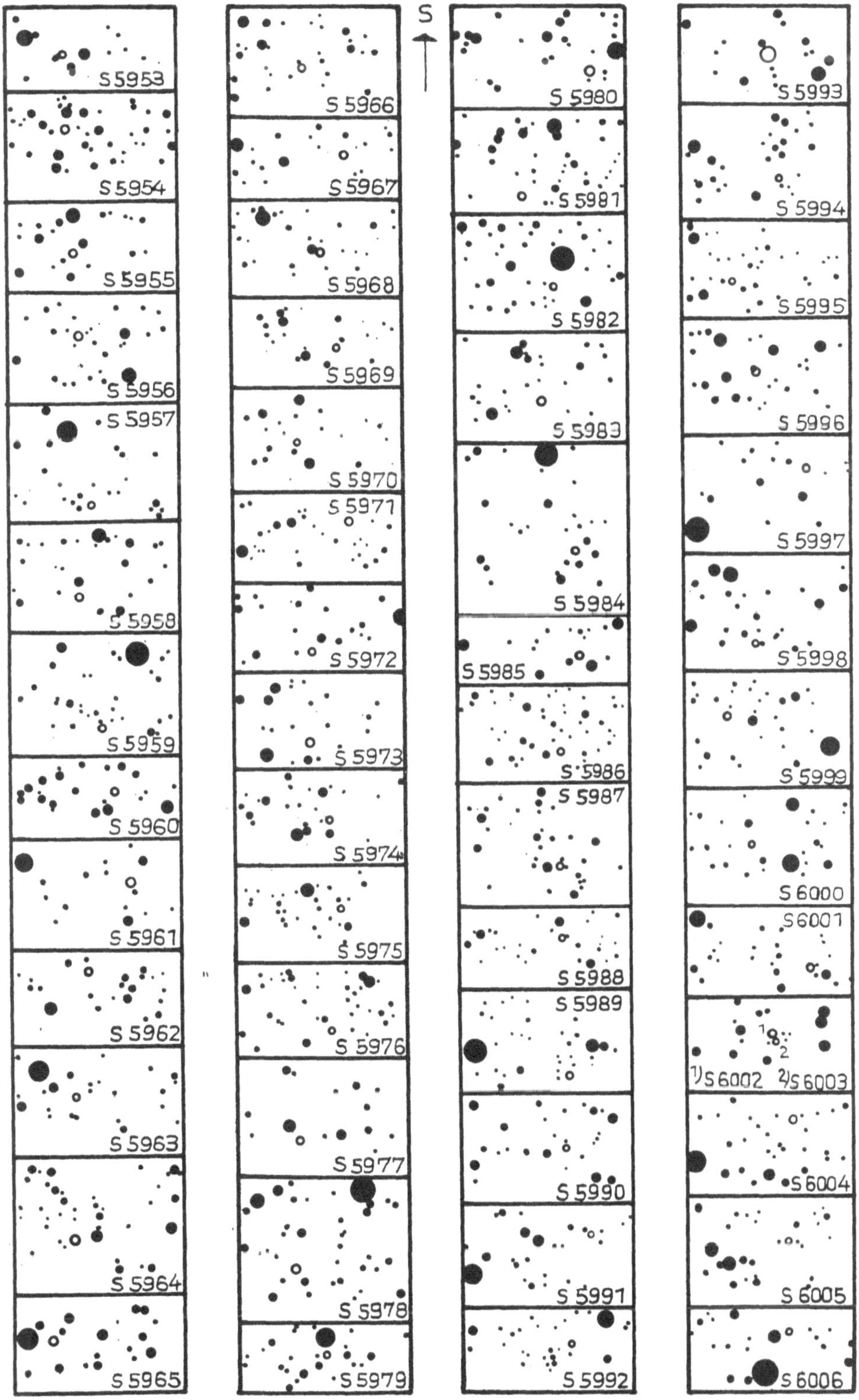
S
S 5953
S 5954
S 5955
S 5956
S 5957
S 5958
S 5959
S 5960
S 5961
S 5962
S 5963
S 5964
S 5965
S 5966
S 5967
S 5968
S 5969
S 5970
S 5971
S 5972
S 5973
S 5974
S 5975
S 5976
S 5977
S 5978
S 5979
S 5980
S 5981
S 5982
S 5983
S 5984
S 5985
S 5986
S 5987
S 5988
S 5989
S 5990
S 5991
S 5992
S 5993
S 5994
S 5995
S 5996
S 5997
S 5998
S 5999
S 6000
S 6001
1
2
1) S 6002 2) S 6003
S 6004
S 6005
S 6006

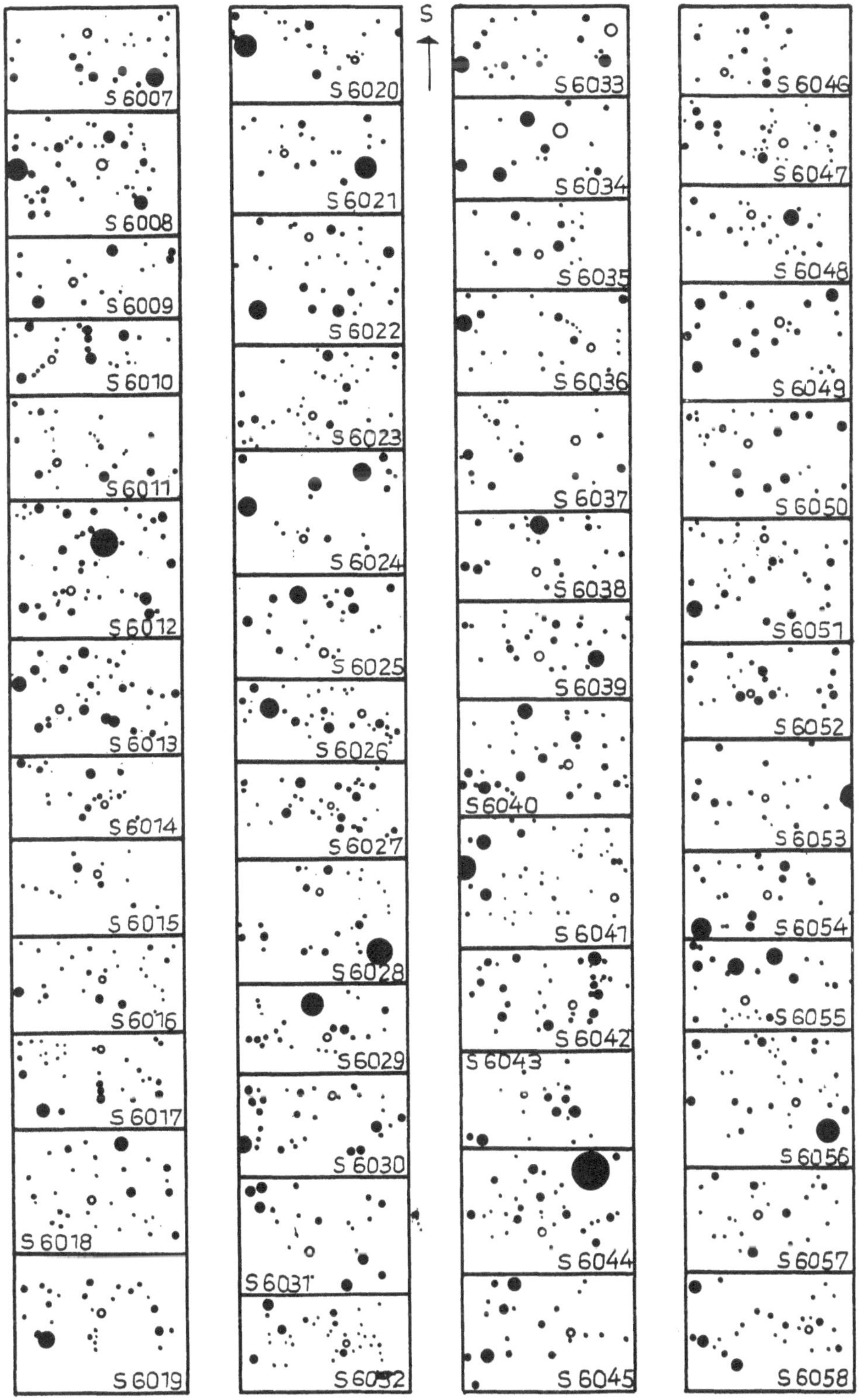
S
S 6007
S 6008
S 6009
S 6010
S 6011
S 6012
S 6013
S 6014
S 6015
S 6016
S 6017
S 6018
S 6019
S 6020
S 6021
S 6022
S 6023
S 6024
S 6025
S 6026
S 6027
S 6028
S 6029
S 6030
S 6031
S 6032
S 6033
S 6034
S 6035
S 6036
S 6037
S 6038
S 6039
S 6040
S 6041
S 6042
S 6043
S 6044
S 6045
S 6046
S 6047
S 6048
S 6049
S 6050
S 6051
S 6052
S 6053
S 6054
S 6055
S 6056
S 6057
S 6058

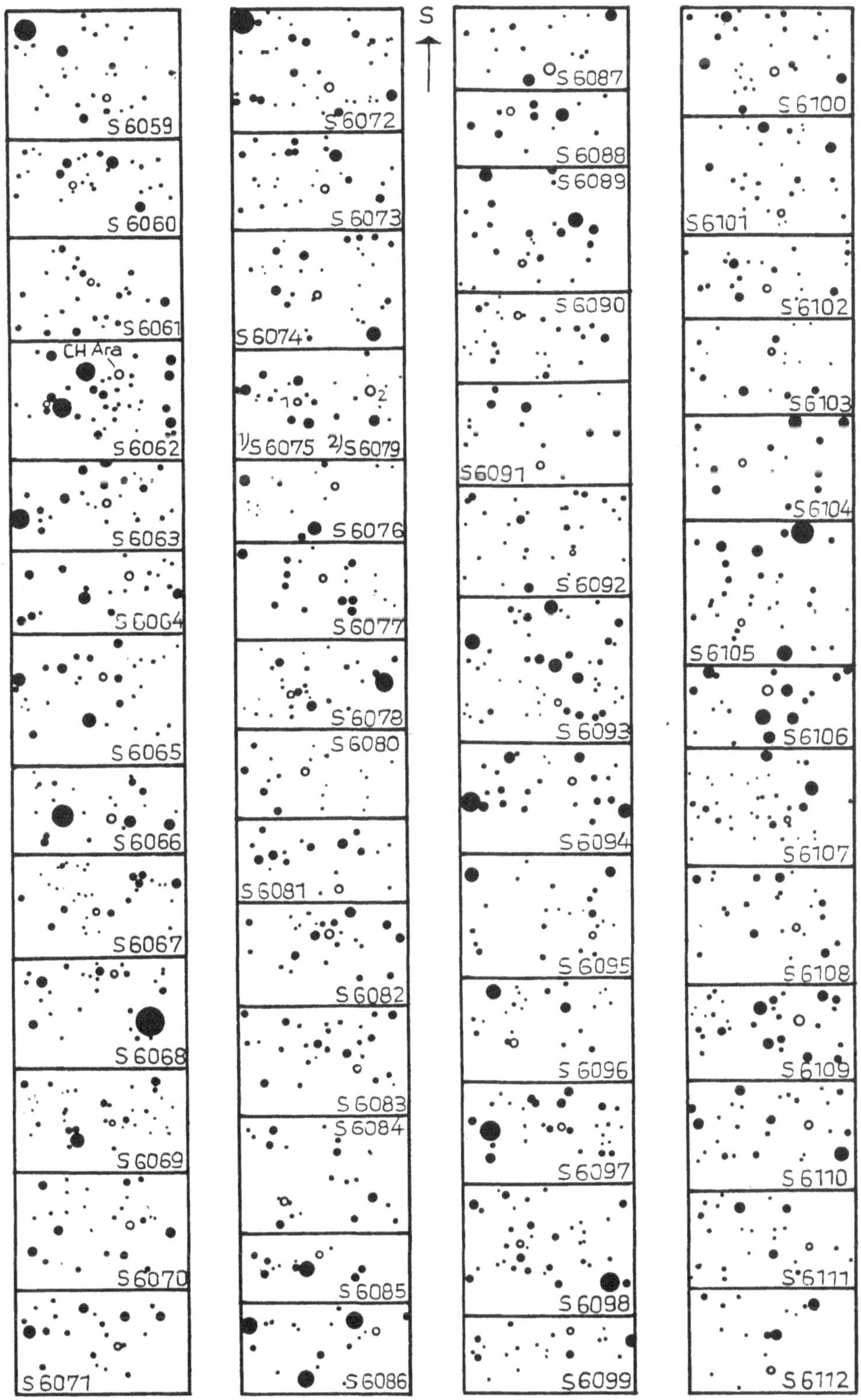
S 6059
S 6060
S 6061
CH Ara
S 6062
S 6063
S 6064
S 6065
S 6066
S 6067
S 6068
S 6069
S 6070
S 6071
S 6072
S 6073
S 6074
1
2
1) S 6075
2) S 6079
S 6076
S 6077
S 6078
S 6080
S 6081
S 6082
S 6083
S 6084
S 6085
S 6086
S
S 6087
S 6088
S 6089
S 6090
S 6091
S 6092
S 6093
S 6094
S 6095
S 6096
S 6097
S 6098
S 6099
S 6100
S 6101
S 6102
S 6103
S 6104
S 6105
S 6106
S 6107
S 6108
S 6109
S 6110
S 6111
S 6112

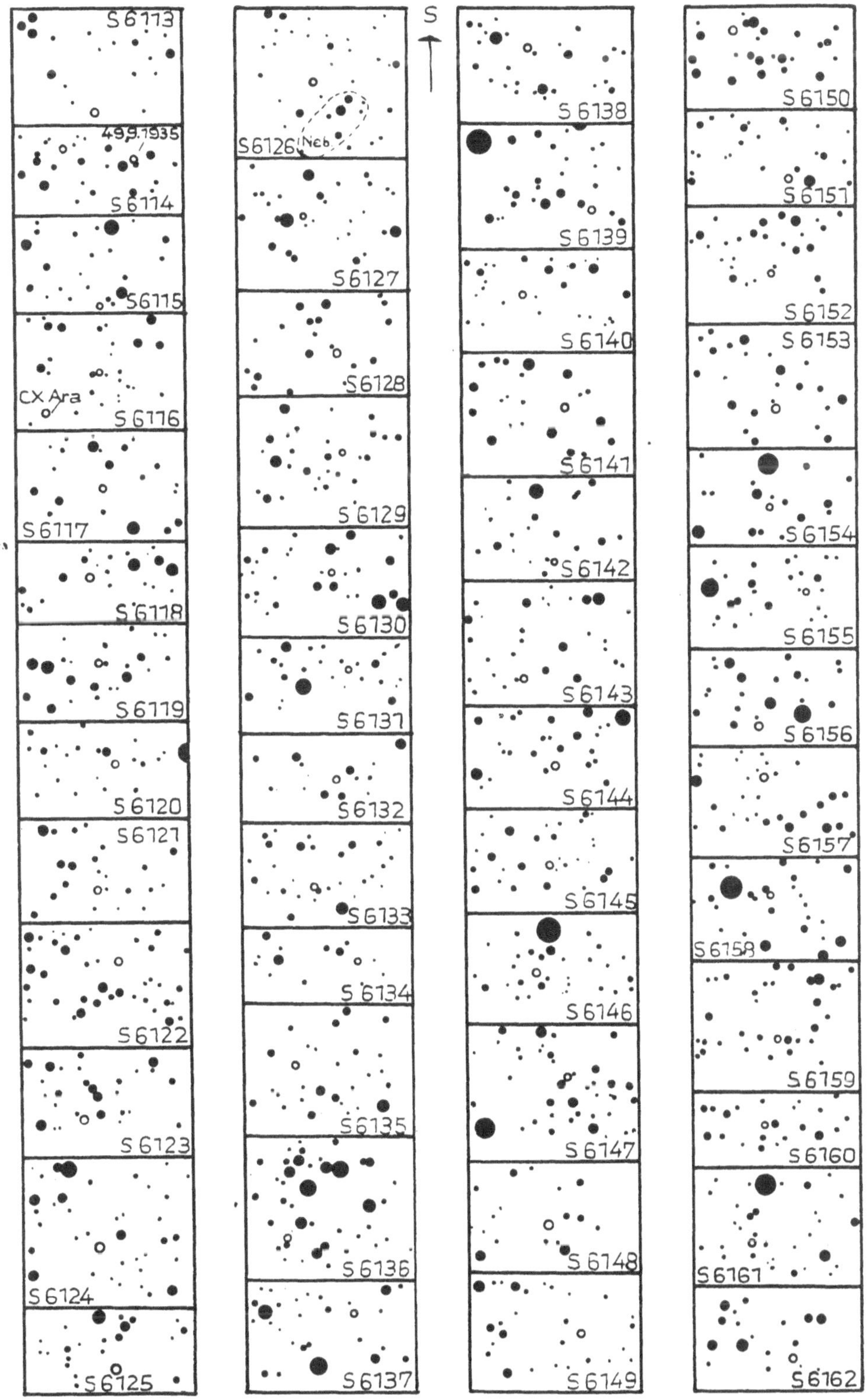
S 6113
499.1935
S 6114
S 6115
CX Ara
S 6116
S 6117
S 6118
S 6119
S 6120
S 6121
S 6122
S 6123
S 6124
S 6125
S 6126
Neb.
S 6127
S 6128
S 6129
S 6130
S 6131
S 6132
S 6133
S 6134
S 6135
S 6136
S 6137
S
S 6138
S 6139
S 6140
S 6141
S 6142
S 6143
S 6144
S 6145
S 6146
S 6147
S 6148
S 6149
S 6150
S 6151
S 6152
S 6153
S 6154
S 6155
S 6156
S 6157
S 6158
S 6159
S 6160
S 6161
S 6162

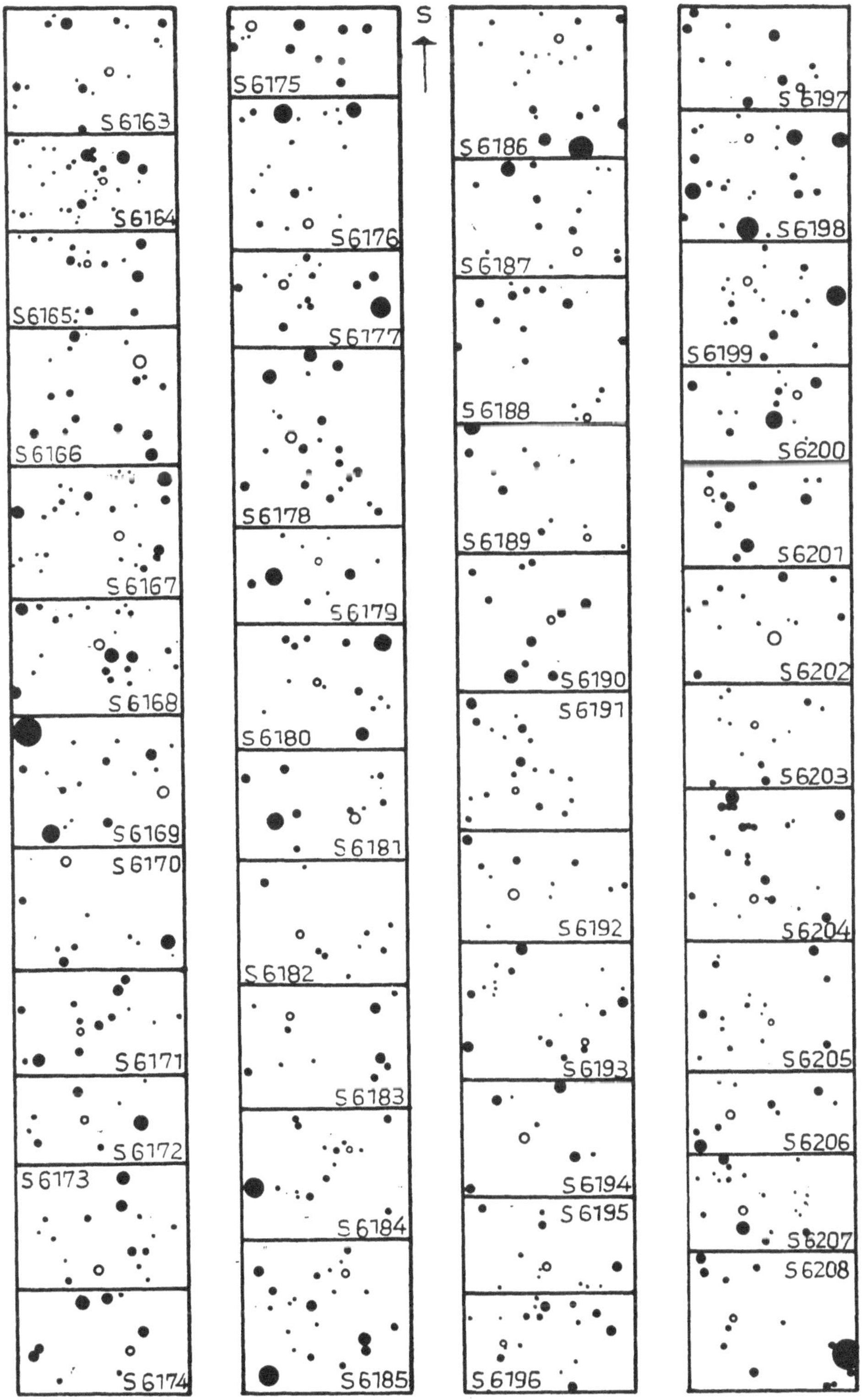
S
S 6163
S 6164
S 6165
S 6166
S 6167
S 6168
S 6169
S 6170
S 6171
S 6172
S 6173
S 6174
S 6175
S 6176
S 6177
S 6178
S 6179
S 6180
S 6181
S 6182
S 6183
S 6184
S 6185
S 6186
S 6187
S 6188
S 6189
S 6190
S 6191
S 6192
S 6193
S 6194
S 6195
S 6196
S 6197
S 6198
S 6199
S 6200
S 6201
S 6202
S 6203
S 6204
S 6205
S 6206
S 6207
S 6208

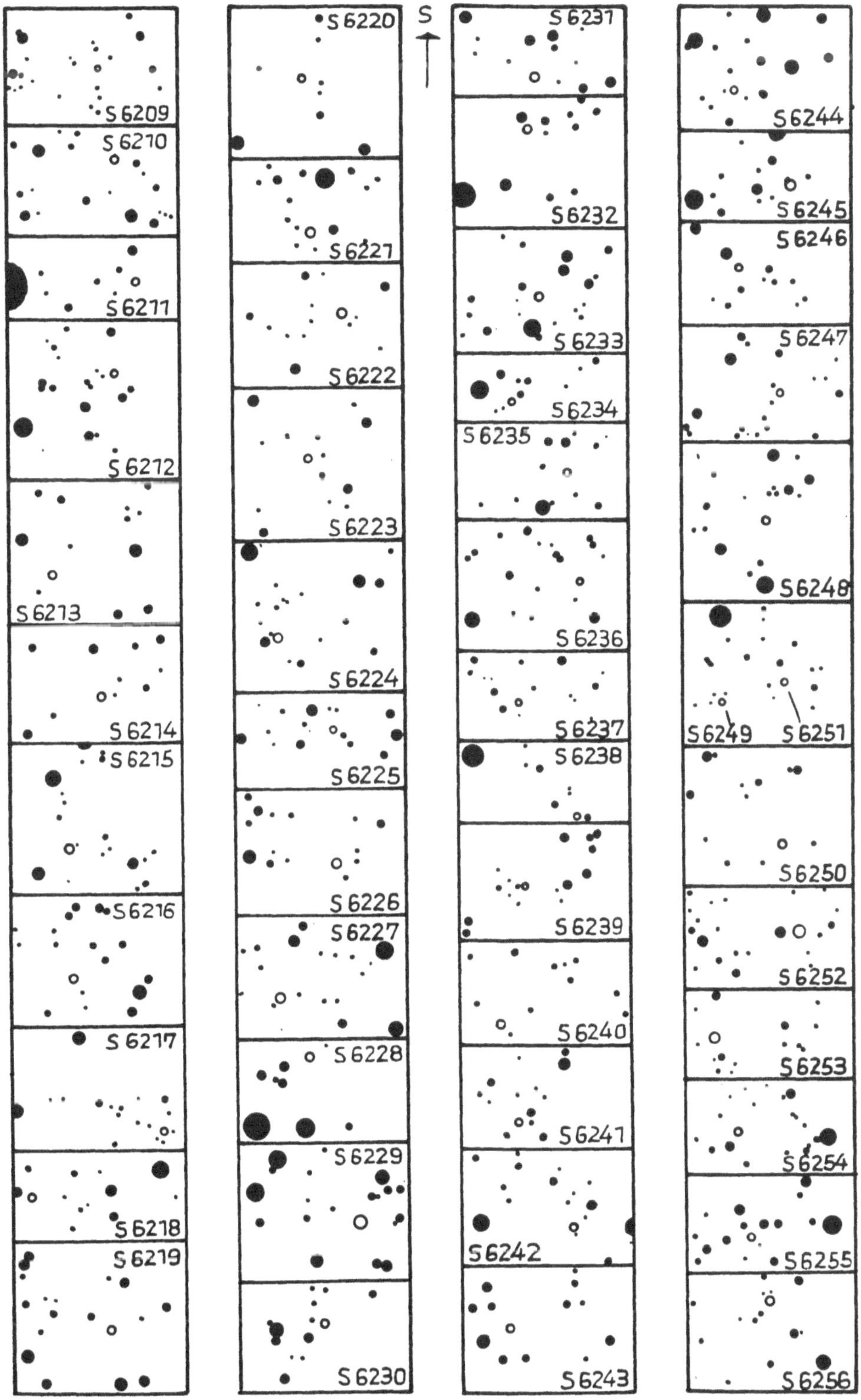

S
S 6209
S 6210
S 6211
S 6212
S 6213
S 6214
S 6215
S 6216
S 6217
S 6218
S 6219
S 6220
S 6221
S 6222
S 6223
S 6224
S 6225
S 6226
S 6227
S 6228
S 6229
S 6230
S 6231
S 6232
S 6233
S 6234
S 6235
S 6236
S 6237
S 6238
S 6239
S 6240
S 6241
S 6242
S 6243
S 6244
S 6245
S 6246
S 6247
S 6248
S 6249
S 6251
S 6250
S 6252
S 6253
S 6254
S 6255
S 6256

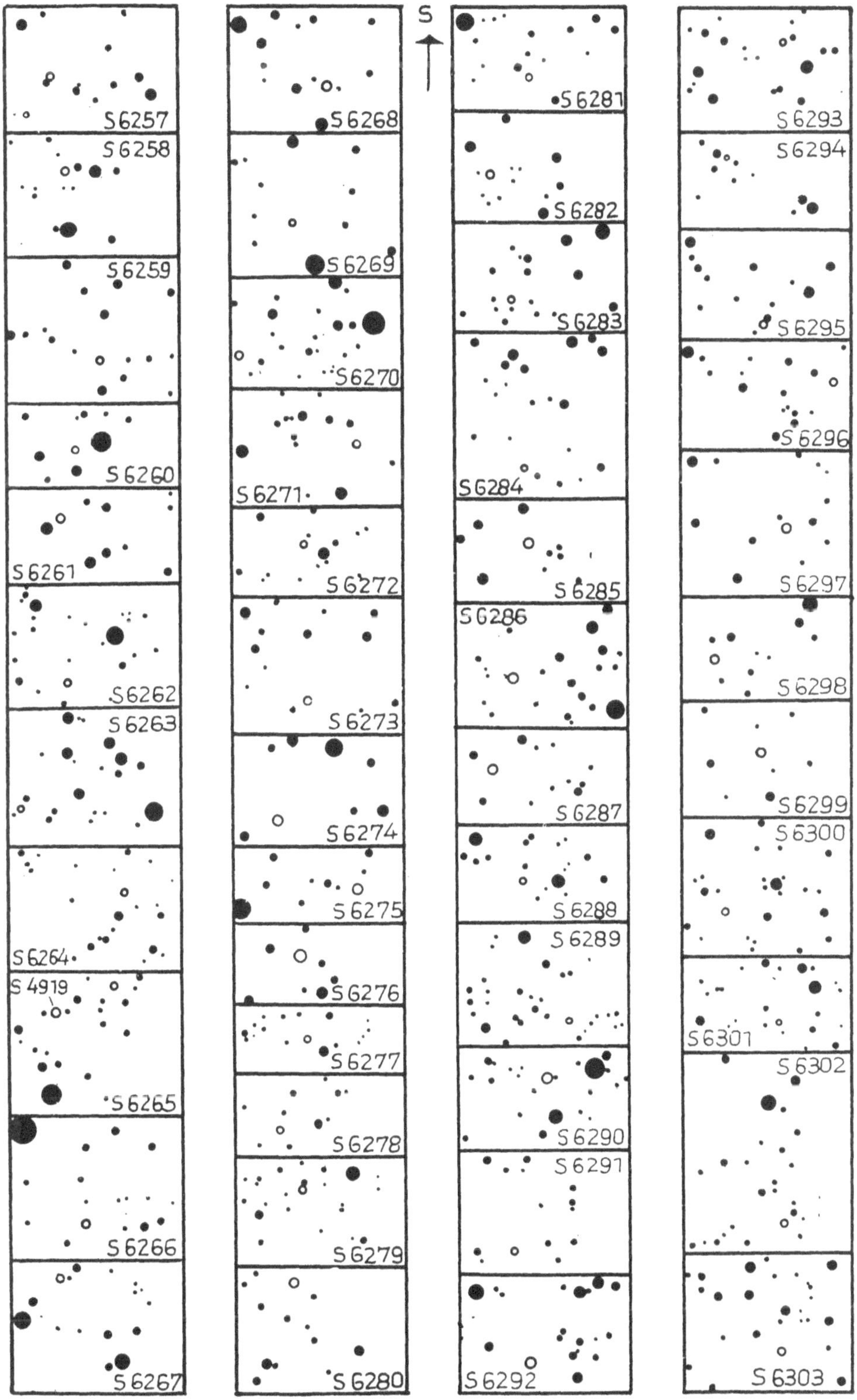
S
S 6257
S 6258
S 6259
S 6260
S 6261
S 6262
S 6263
S 6264
S 4919
S 6265
S 6266
S 6267
S 6268
S 6269
S 6270
S 6271
S 6272
S 6273
S 6274
S 6275
S 6276
S 6277
S 6278
S 6279
S 6280
S 6281
S 6282
S 6283
S 6284
S 6285
S 6286
S 6287
S 6288
S 6289
S 6290
S 6291
S 6292
S 6293
S 6294
S 6295
S 6296
S 6297
S 6298
S 6299
S 6300
S 6301
S 6302
S 6303

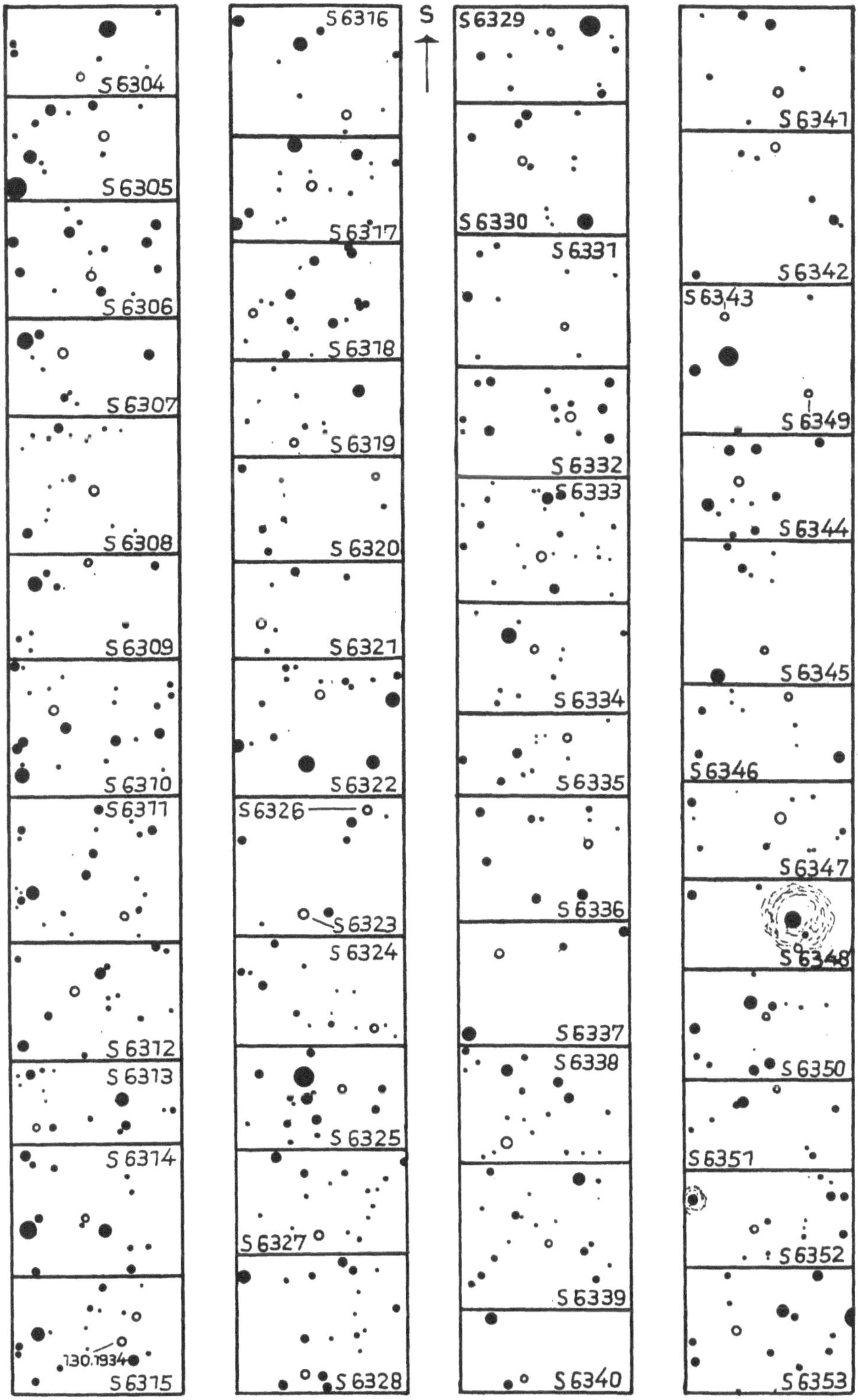
S 6304
S 6305
S 6306
S 6307
S 6308
S 6309
S 6310
S 6311
S 6312
S 6313
S 6314
130.1934
S 6315
S 6316
S 6317
S 6318
S 6319
S 6320
S 6321
S 6322
S 6326
S 6323
S 6324
S 6325
S 6327
S 6328
S
S 6329
S 6330
S 6331
S 6332
S 6333
S 6334
S 6335
S 6336
S 6337
S 6338
S 6339
S 6340
S 6341
S 6342
S 6343
S 6349
S 6344
S 6345
S 6346
S 6347
S 6348
S 6350
S 6351
S 6352
S 6353

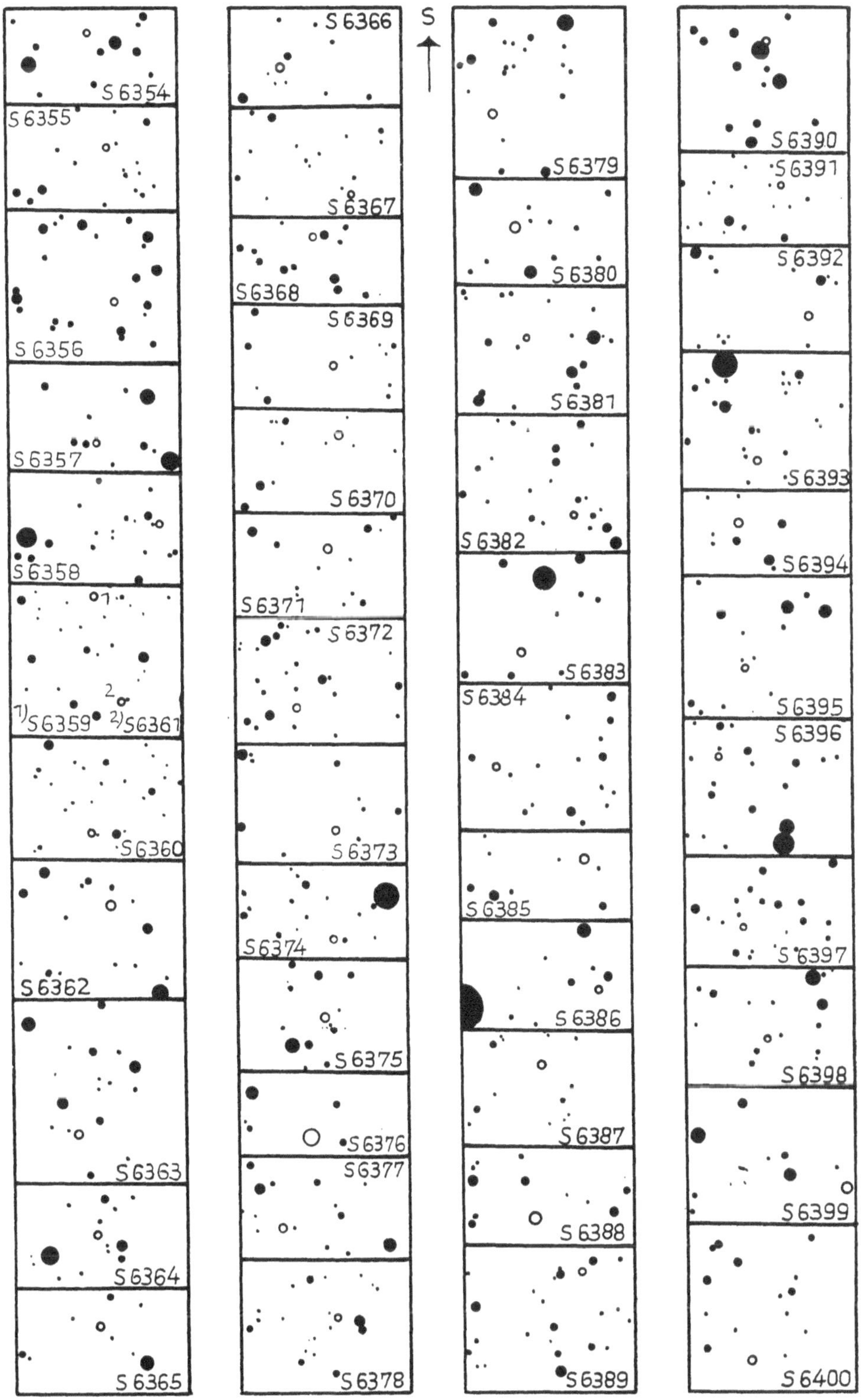
S
S 6354
S 6355
S 6356
S 6357
S 6358
1
2
1)S 6359
2)S 6361
S 6360
S 6362
S 6363
S 6364
S 6365
S 6366
S 6367
S 6368
S 6369
S 6370
S 6371
S 6372
S 6373
S 6374
S 6375
S 6376
S 6377
S 6378
S 6379
S 6380
S 6381
S 6382
S 6383
S 6384
S 6385
S 6386
S 6387
S 6388
S 6389
S 6390
S 6391
S 6392
S 6393
S 6394
S 6395
S 6396
S 6397
S 6398
S 6399
S 6400

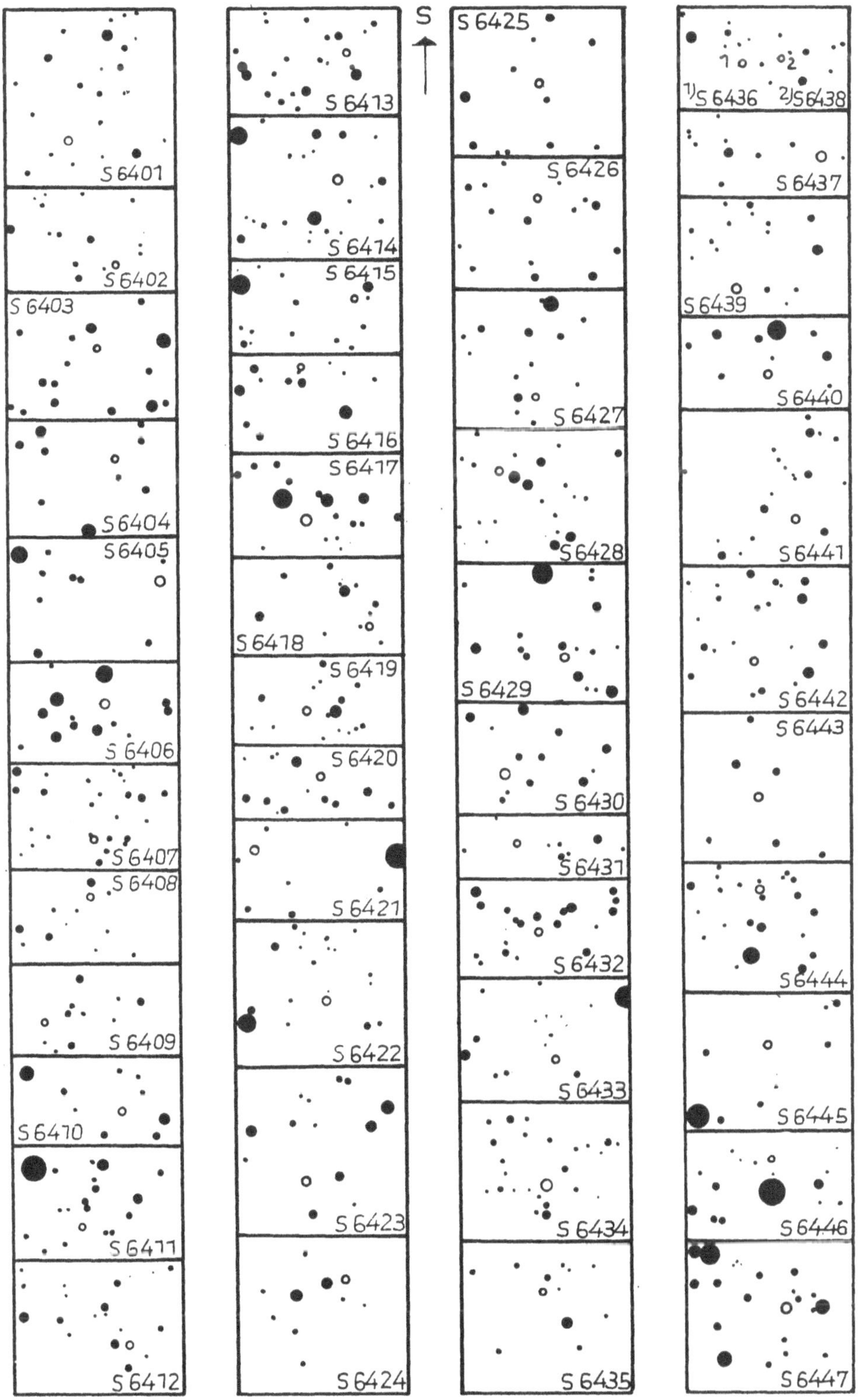
S
S 6401
S 6402
S 6403
S 6404
S 6405
S 6406
S 6407
S 6408
S 6409
S 6410
S 6411
S 6412
S 6413
S 6414
S 6415
S 6416
S 6417
S 6418
S 6419
S 6420
S 6421
S 6422
S 6423
S 6424
S 6425
S 6426
S 6427
S 6428
S 6429
S 6430
S 6431
S 6432
S 6433
S 6434
S 6435
1
2
1) S 6436
2) S 6438
S 6437
S 6439
S 6440
S 6441
S 6442
S 6443
S 6444
S 6445
S 6446
S 6447

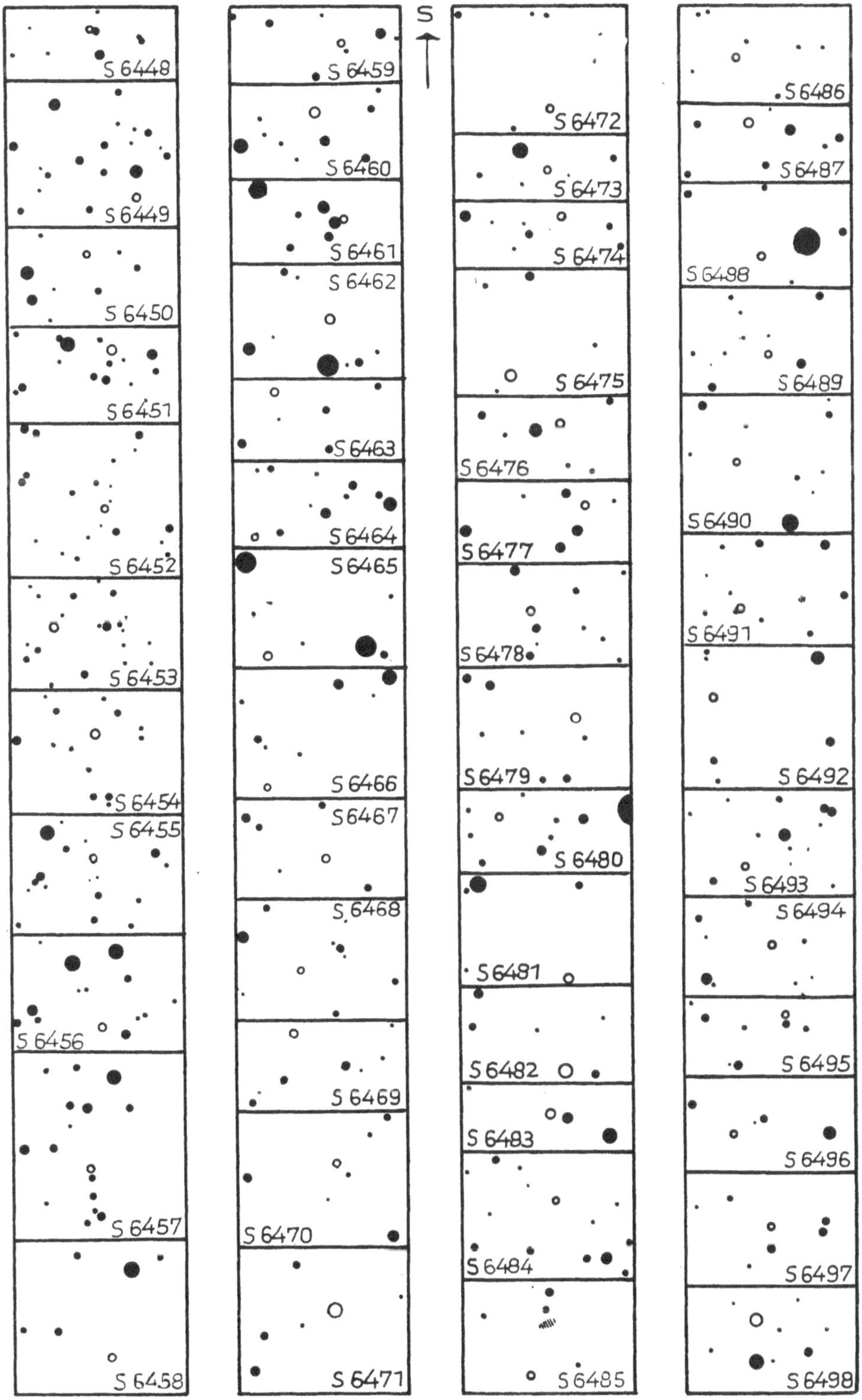
S
S 6448
S 6449
S 6450
S 6451
S 6452
S 6453
S 6454
S 6455
S 6456
S 6457
S 6458
S 6459
S 6460
S 6461
S 6462
S 6463
S 6464
S 6465
S 6466
S 6467
S 6468
S 6469
S 6470
S 6471
S 6472
S 6473
S 6474
S 6475
S 6476
S 6477
S 6478
S 6479
S 6480
S 6481
S 6482
S 6483
S 6484
S 6485
S 6486
S 6487
S 6488
S 6489
S 6490
S 6491
S 6492
S 6493
S 6494
S 6495
S 6496
S 6497
S 6498

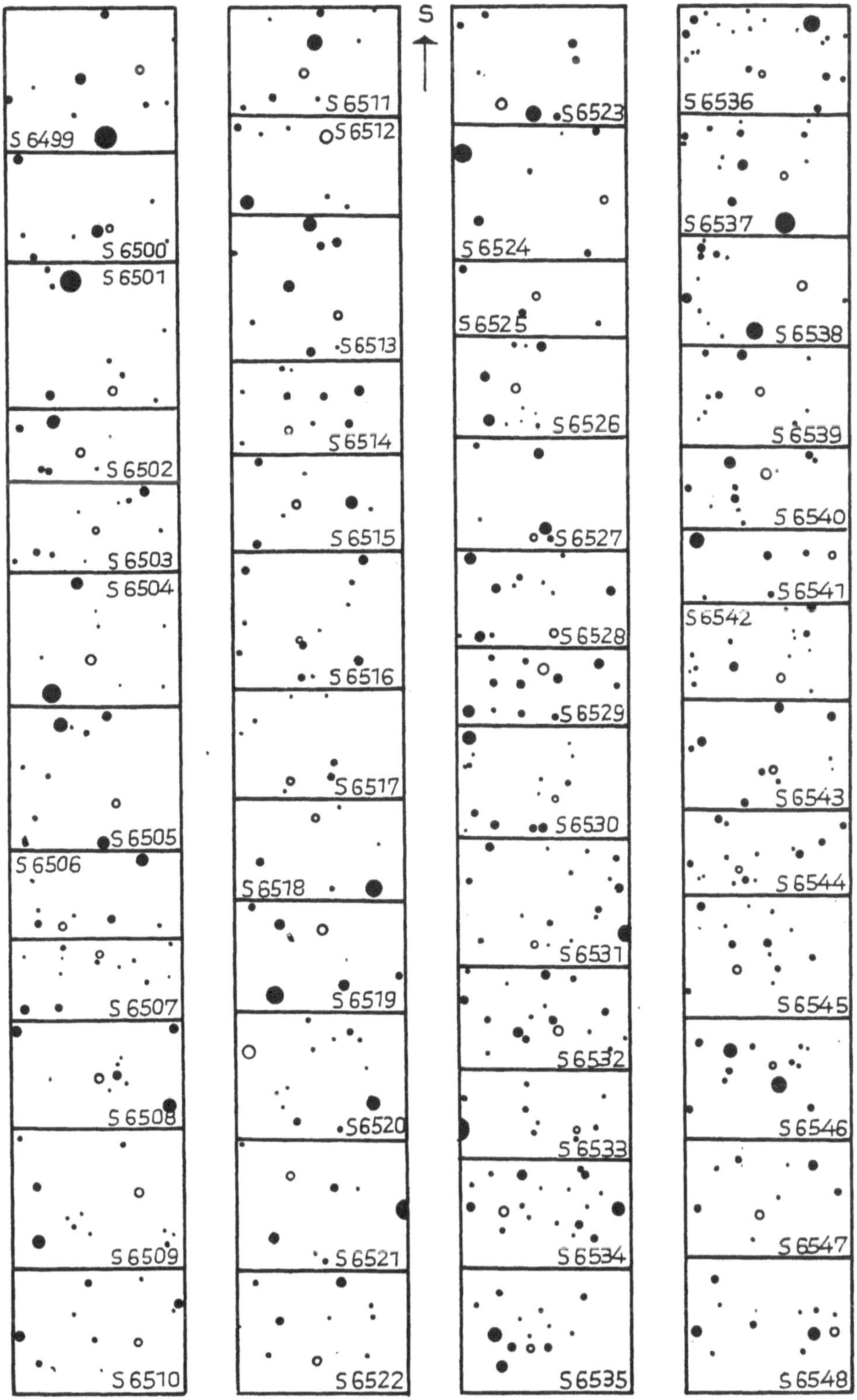
S
S 6499
S 6500
S 6501
S 6502
S 6503
S 6504
S 6505
S 6506
S 6507
S 6508
S 6509
S 6510
S 6511
S 6512
S 6513
S 6514
S 6515
S 6516
S 6517
S 6518
S 6519
S 6520
S 6521
S 6522
S 6523
S 6524
S 6525
S 6526
S 6527
S 6528
S 6529
S 6530
S 6531
S 6532
S 6533
S 6534
S 6535
S 6536
S 6537
S 6538
S 6539
S 6540
S 6541
S 6542
S 6543
S 6544
S 6545
S 6546
S 6547
S 6548

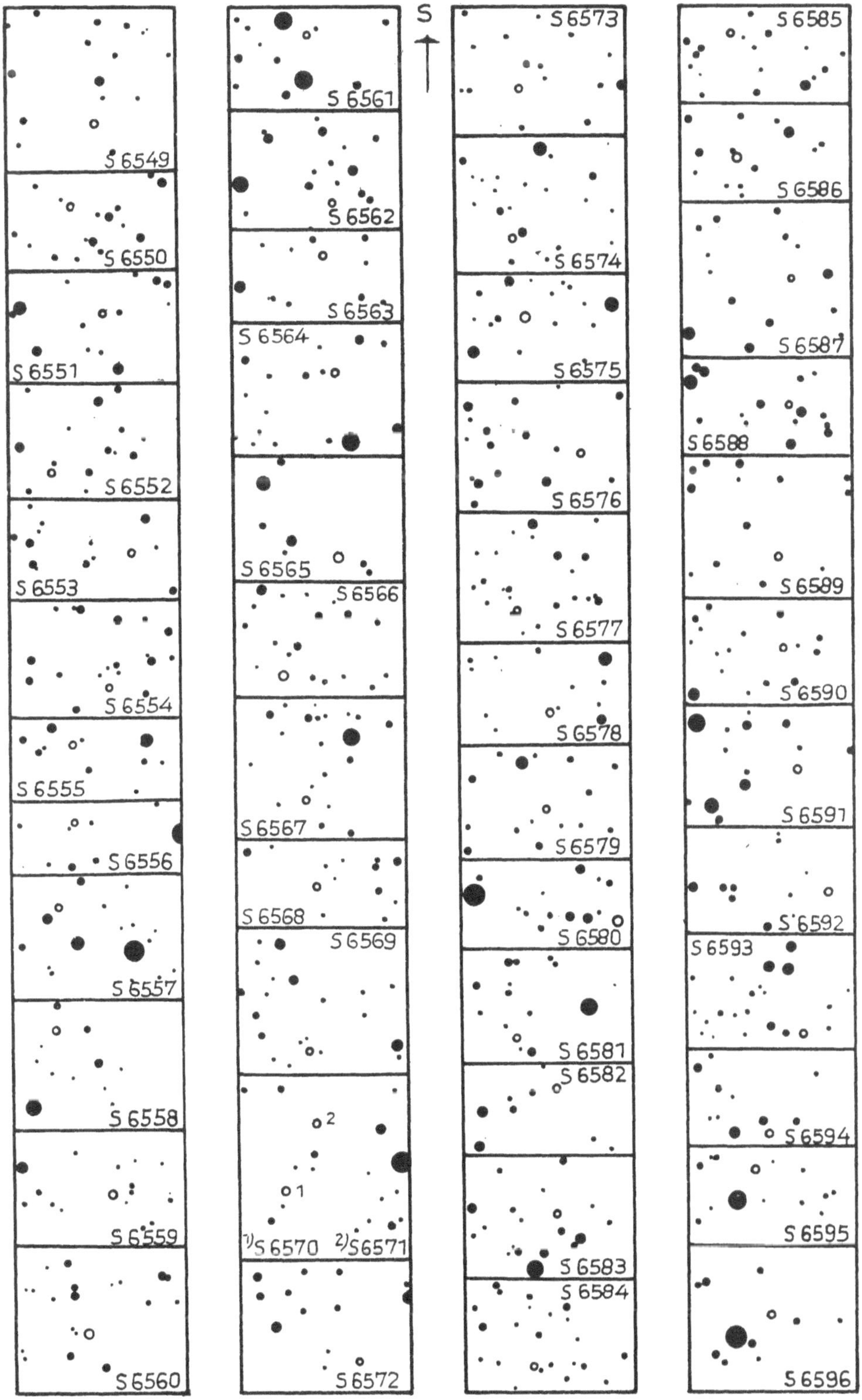
S
S 6549
S 6550
S 6551
S 6552
S 6553
S 6554
S 6555
S 6556
S 6557
S 6558
S 6559
S 6560
S 6561
S 6562
S 6563
S 6564
S 6565
S 6566
S 6567
S 6568
S 6569
2
1
1)S 6570
2)S 6571
S 6572
S 6573
S 6574
S 6575
S 6576
S 6577
S 6578
S 6579
S 6580
S 6581
S 6582
S 6583
S 6584
S 6585
S 6586
S 6587
S 6588
S 6589
S 6590
S 6591
S 6592
S 6593
S 6594
S 6595
S 6596

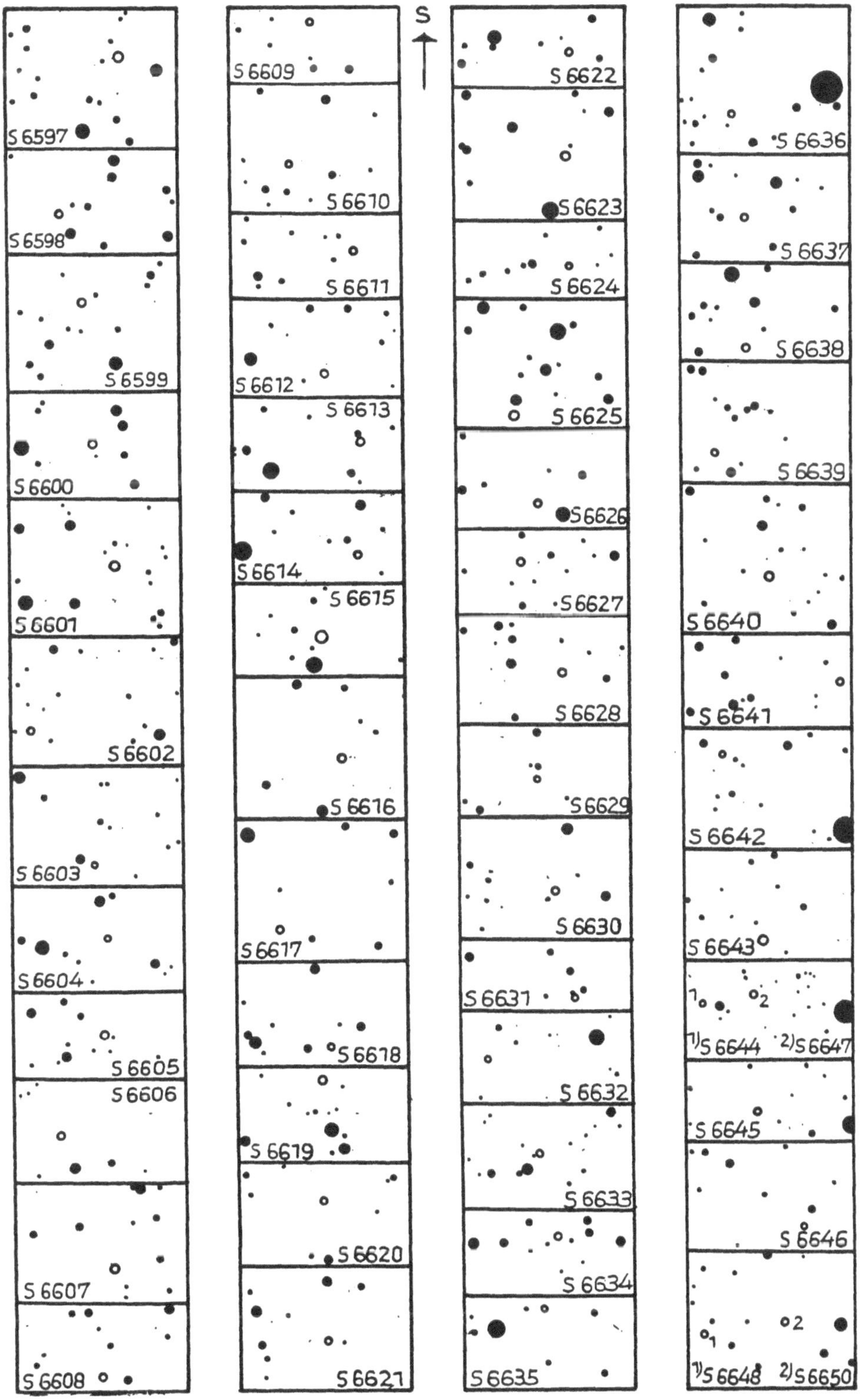
S
S 6597
S 6598
S 6599
S 6600
S 6601
S 6602
S 6603
S 6604
S 6605
S 6606
S 6607
S 6608
S 6609
S 6610
S 6611
S 6612
S 6613
S 6614
S 6615
S 6616
S 6617
S 6618
S 6619
S 6620
S 6621
S 6622
S 6623
S 6624
S 6625
S 6626
S 6627
S 6628
S 6629
S 6630
S 6631
S 6632
S 6633
S 6634
S 6635
S 6636
S 6637
S 6638
S 6639
S 6640
S 6641
S 6642
S 6643
1) S 6644
2) S 6647
S 6645
S 6646
1) S 6648
2) S 6650

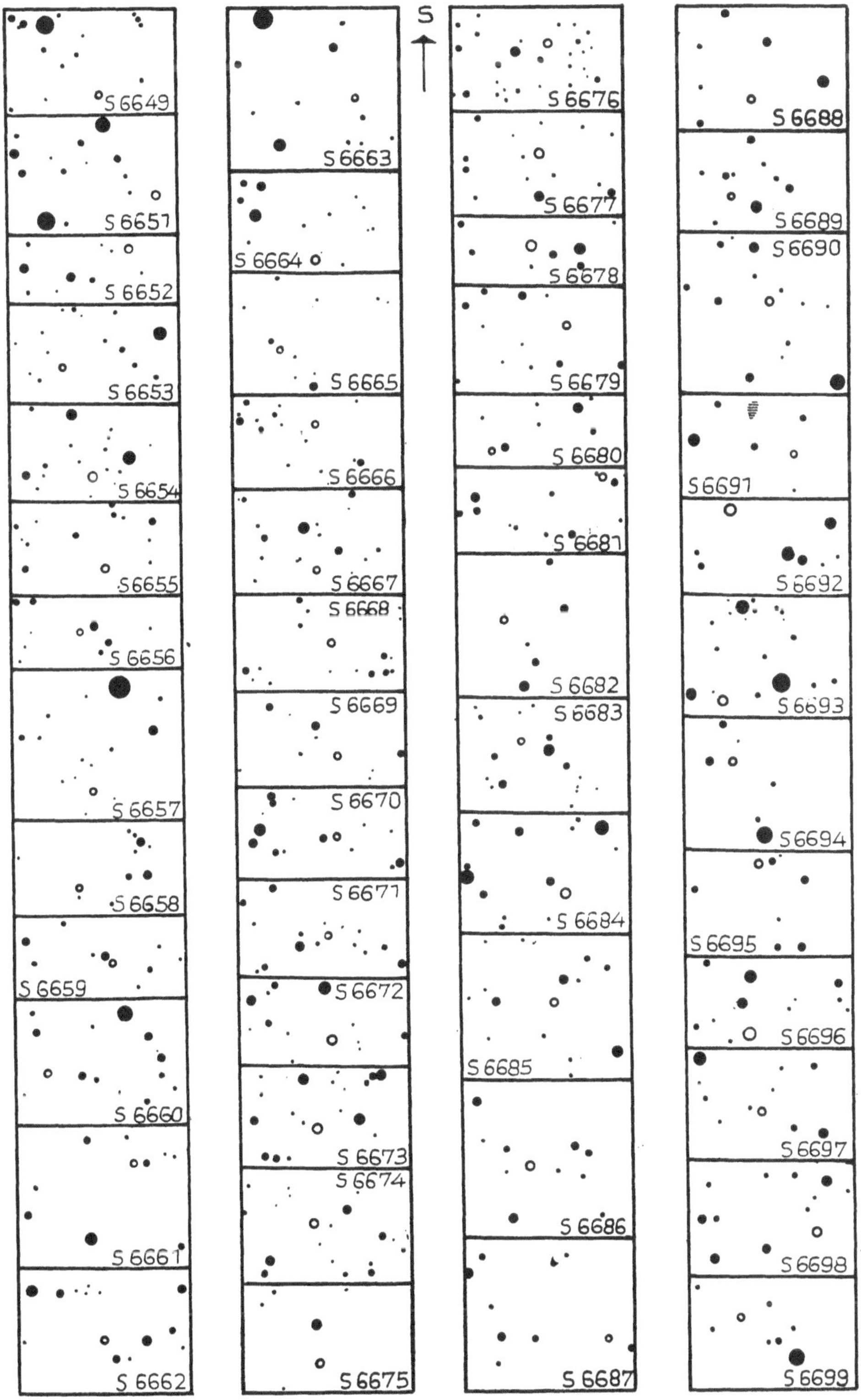
S
S 6649
S 6651
S 6652
S 6653
S 6654
S 6655
S 6656
S 6657
S 6658
S 6659
S 6660
S 6661
S 6662
S 6663
S 6664
S 6665
S 6666
S 6667
S 6668
S 6669
S 6670
S 6671
S 6672
S 6673
S 6674
S 6675
S 6676
S 6677
S 6678
S 6679
S 6680
S 6681
S 6682
S 6683
S 6684
S 6685
S 6686
S 6687
S 6688
S 6689
S 6690
S 6691
S 6692
S 6693
S 6694
S 6695
S 6696
S 6697
S 6698
S 6699

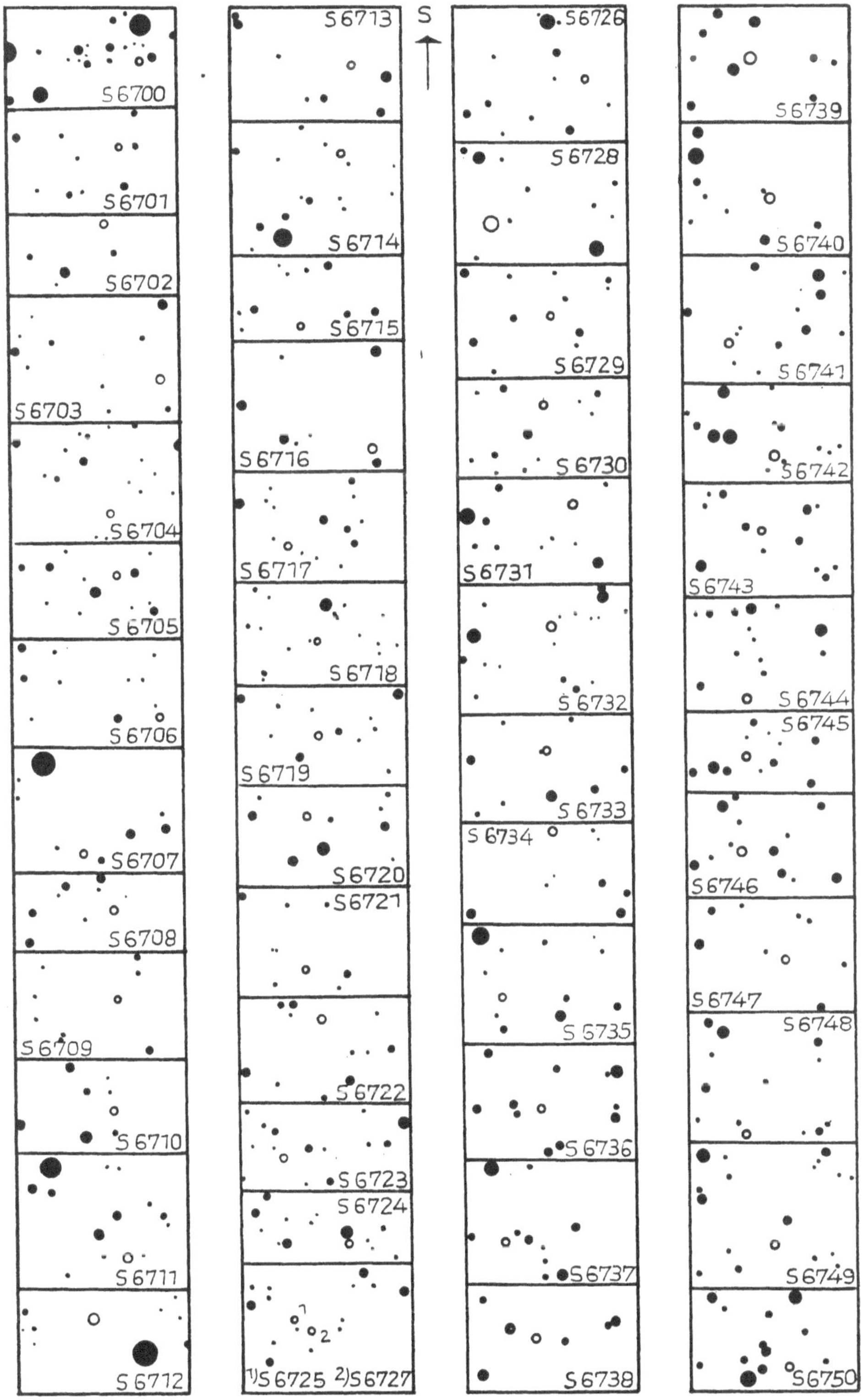
S
S 6700
S 6701
S 6702
S 6703
S 6704
S 6705
S 6706
S 6707
S 6708
S 6709
S 6710
S 6711
S 6712
S 6713
S 6714
S 6715
S 6716
S 6717
S 6718
S 6719
S 6720
S 6721
S 6722
S 6723
S 6724
1
2
1) S 6725 2) S 6727
S 6726
S 6728
S 6729
S 6730
S 6731
S 6732
S 6733
S 6734
S 6735
S 6736
S 6737
S 6738
S 6739
S 6740
S 6741
S 6742
S 6743
S 6744
S 6745
S 6746
S 6747
S 6748
S 6749
S 6750

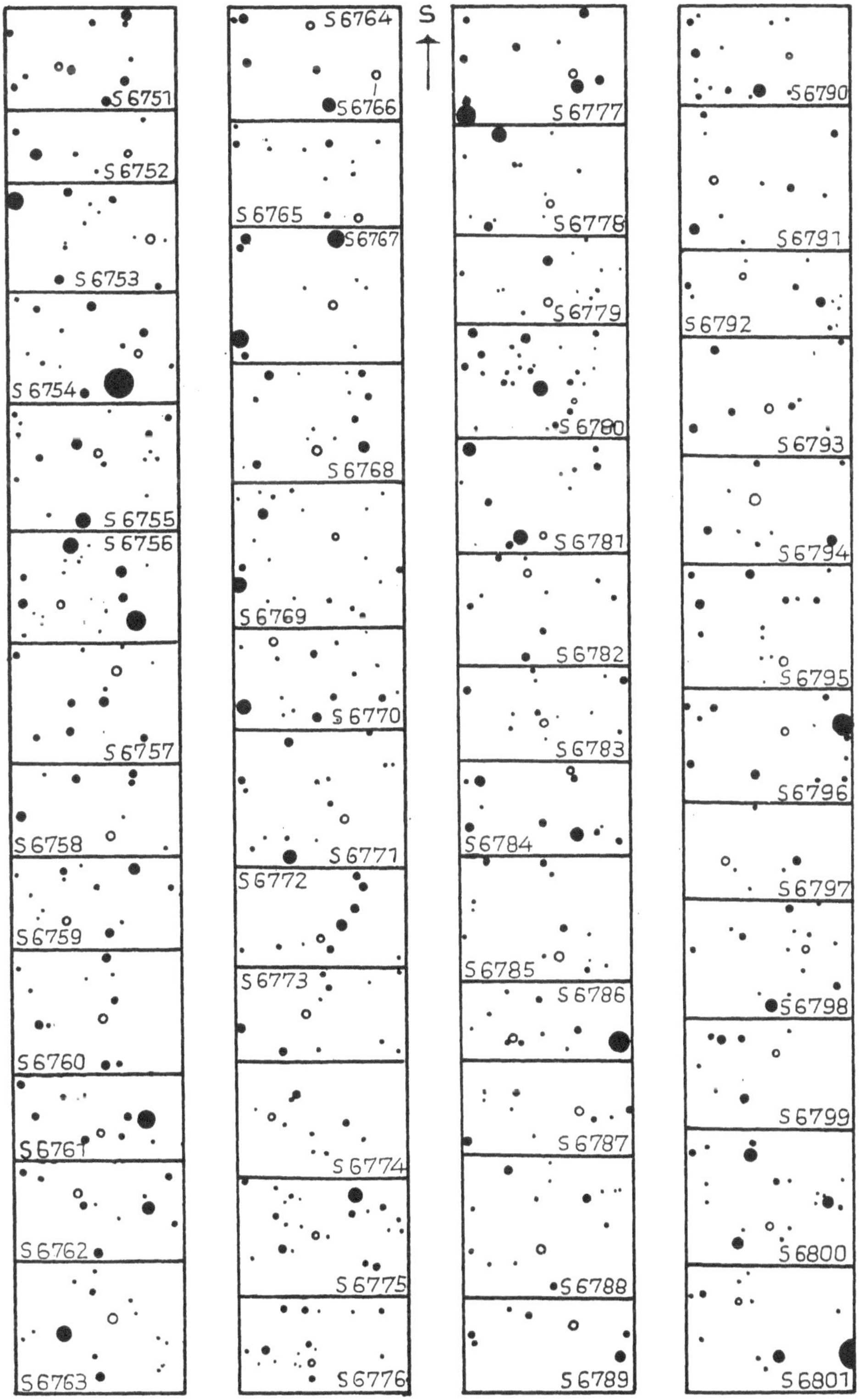
S
S 6751
S 6752
S 6753
S 6754
S 6755
S 6756
S 6757
S 6758
S 6759
S 6760
S 6761
S 6762
S 6763
S 6764
S 6765
S 6766
S 6767
S 6768
S 6769
S 6770
S 6771
S 6772
S 6773
S 6774
S 6775
S 6776
S 6777
S 6778
S 6779
S 6780
S 6781
S 6782
S 6783
S 6784
S 6785
S 6786
S 6787
S 6788
S 6789
S 6790
S 6791
S 6792
S 6793
S 6794
S 6795
S 6796
S 6797
S 6798
S 6799
S 6800
S 6801

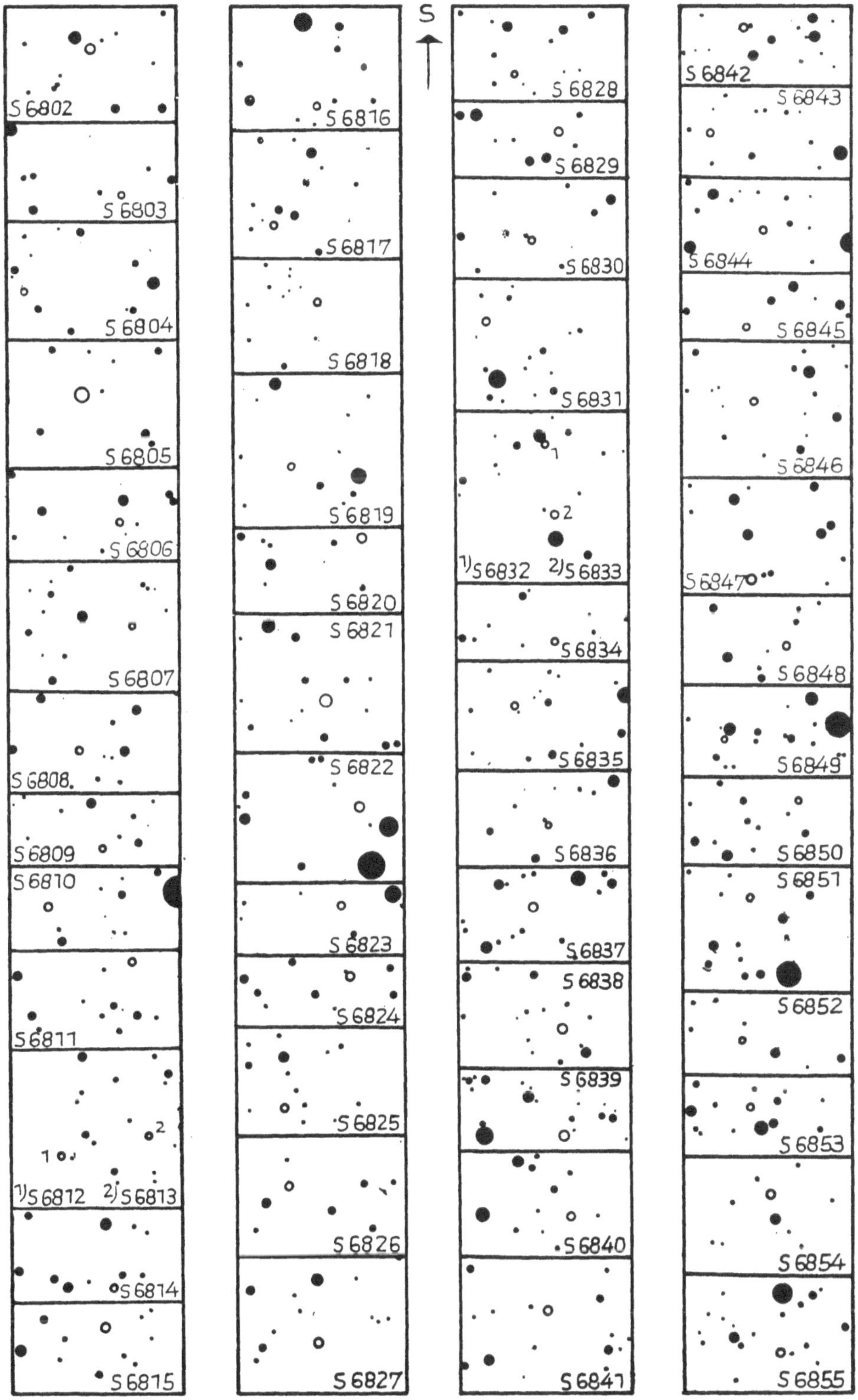
S 6802
S 6803
S 6804
S 6805
S 6806
S 6807
S 6808
S 6809
S 6810
S 6811
1
2
1) S 6812
2) S 6813
S 6814
S 6815
S 6816
S 6817
S 6818
S 6819
S 6820
S 6821
S 6822
S 6823
S 6824
S 6825
S 6826
S 6827
S
S 6828
S 6829
S 6830
S 6831
1
2
1) S 6832
2) S 6833
S 6834
S 6835
S 6836
S 6837
S 6838
S 6839
S 6840
S 6841
S 6842
S 6843
S 6844
S 6845
S 6846
S 6847
S 6848
S 6849
S 6850
S 6851
S 6852
S 6853
S 6854
S 6855

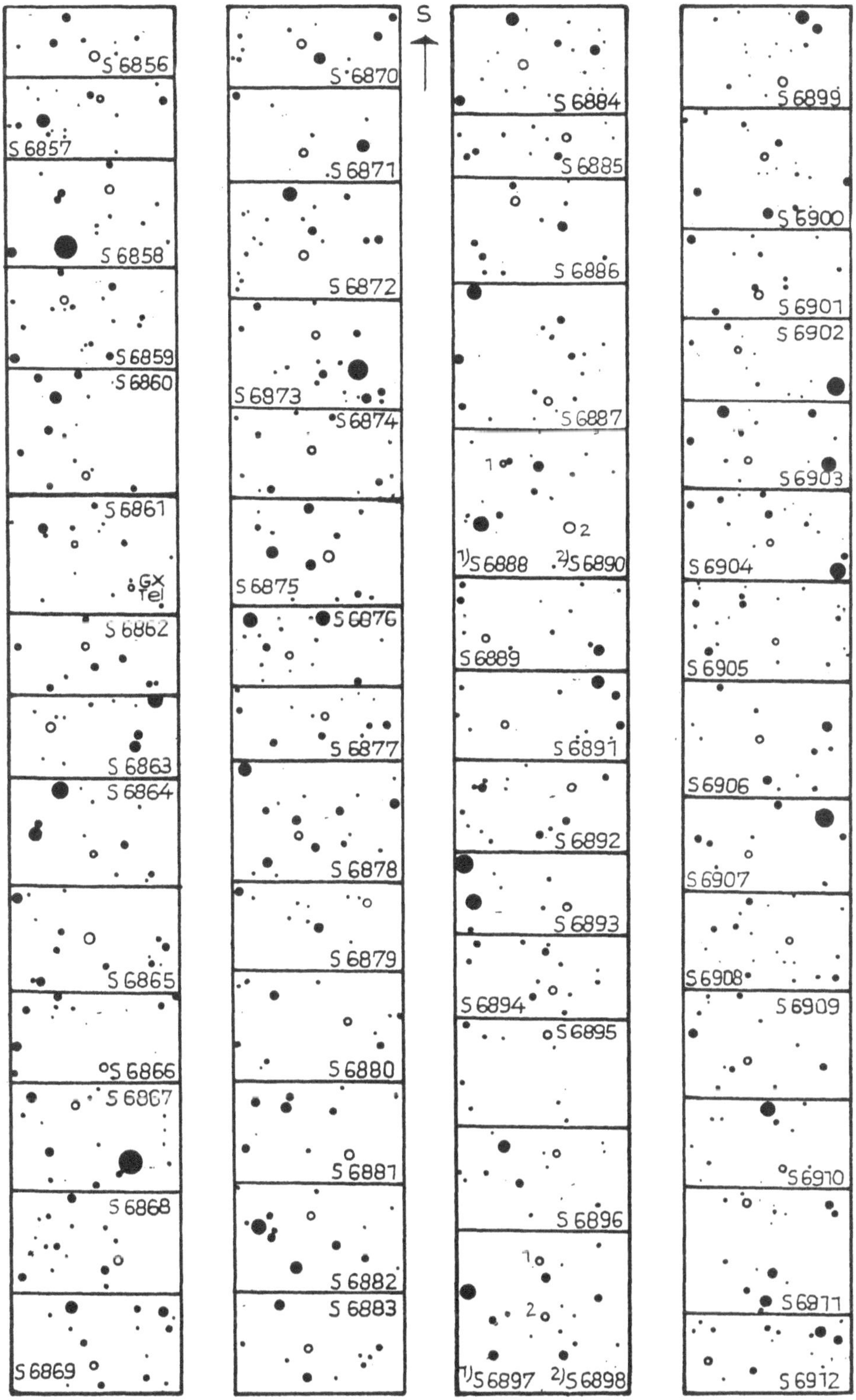
S 6856
S 6857
S 6858
S 6859
S 6860
S 6861
GX Tel
S 6862
S 6863
S 6864
S 6865
S 6866
S 6867
S 6868
S 6869
S 6870
S 6871
S 6872
S 6873
S 6874
S 6875
S 6876
S 6877
S 6878
S 6879
S 6880
S 6881
S 6882
S 6883
S
S 6884
S 6885
S 6886
S 6887
1
2
1) S 6888
2) S 6890
S 6889
S 6891
S 6892
S 6893
S 6894
S 6895
S 6896
1
2
1) S 6897
2) S 6898
S 6899
S 6900
S 6901
S 6902
S 6903
S 6904
S 6905
S 6906
S 6907
S 6908
S 6909
S 6910
S 6911
S 6912

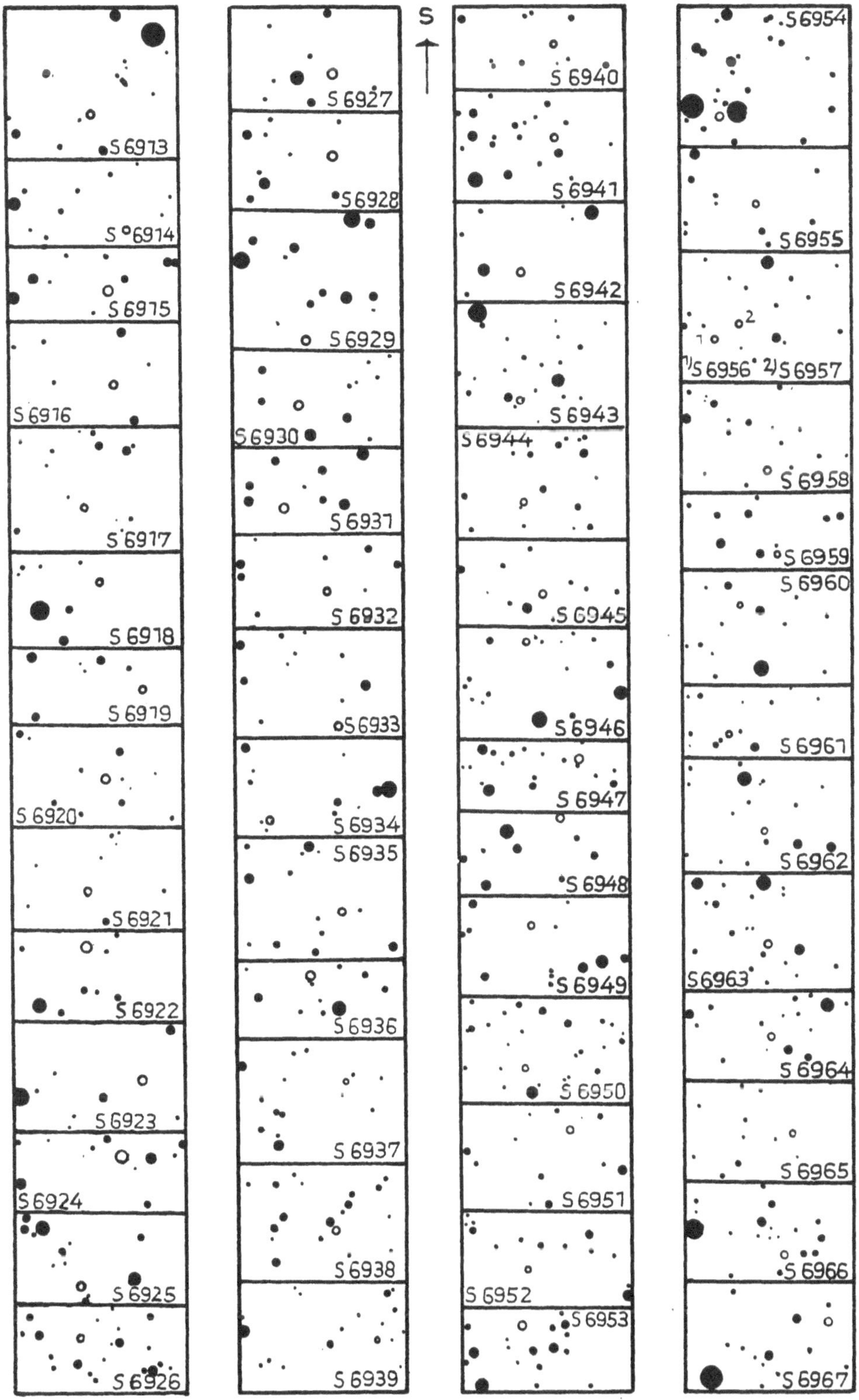
S
S 6913
S 6914
S 6915
S 6916
S 6917
S 6918
S 6919
S 6920
S 6921
S 6922
S 6923
S 6924
S 6925
S 6926
S 6927
S 6928
S 6929
S 6930
S 6931
S 6932
S 6933
S 6934
S 6935
S 6936
S 6937
S 6938
S 6939
S 6940
S 6941
S 6942
S 6943
S 6944
S 6945
S 6946
S 6947
S 6948
S 6949
S 6950
S 6951
S 6952
S 6953
S 6954
S 6955
1
2
1)S 6956 2)S 6957
S 6958
S 6959
S 6960
S 6961
S 6962
S 6963
S 6964
S 6965
S 6966
S 6967

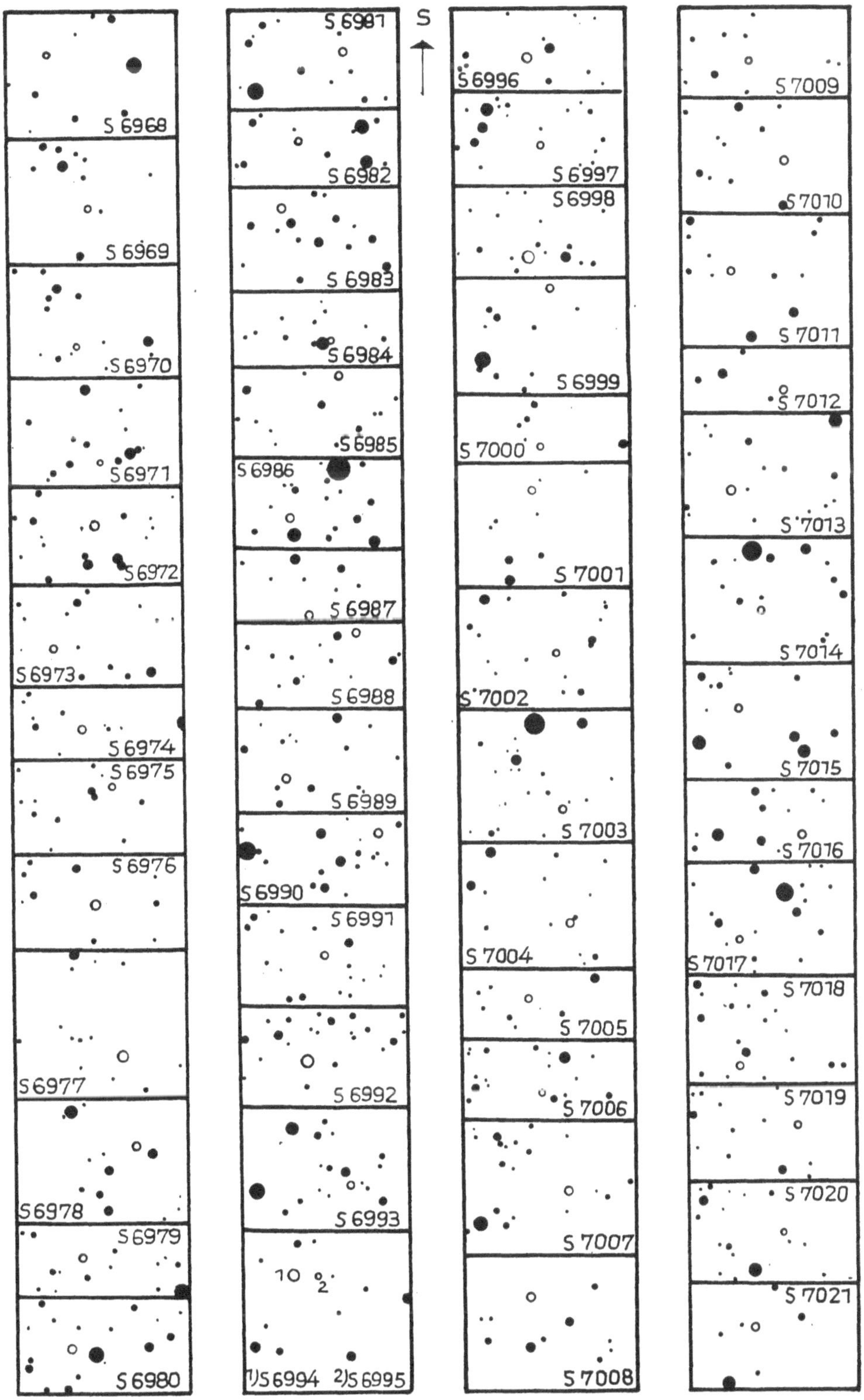
S
S 6968
S 6969
S 6970
S 6971
S 6972
S 6973
S 6974
S 6975
S 6976
S 6977
S 6978
S 6979
S 6980
S 6981
S 6982
S 6983
S 6984
S 6985
S 6986
S 6987
S 6988
S 6989
S 6990
S 6991
S 6992
S 6993
1
2
1) S 6994
2) S 6995
S 6996
S 6997
S 6998
S 6999
S 7000
S 7001
S 7002
S 7003
S 7004
S 7005
S 7006
S 7007
S 7008
S 7009
S 7010
S 7011
S 7012
S 7013
S 7014
S 7015
S 7016
S 7017
S 7018
S 7019
S 7020
S 7021

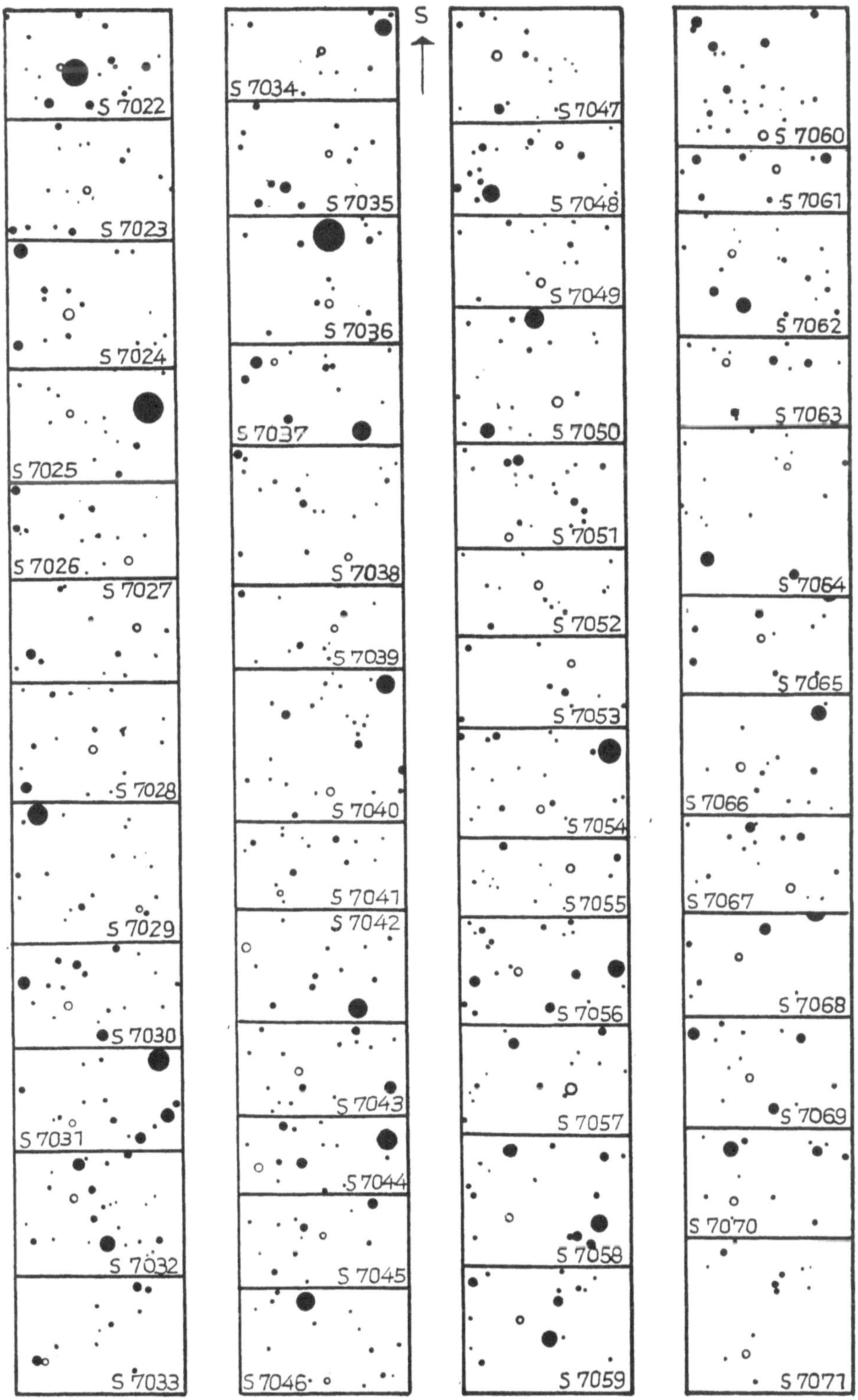
S
S 7022
S 7023
S 7024
S 7025
S 7026
S 7027
S 7028
S 7029
S 7030
S 7031
S 7032
S 7033
S 7034
S 7035
S 7036
S 7037
S 7038
S 7039
S 7040
S 7041
S 7042
S 7043
S 7044
S 7045
S 7046
S 7047
S 7048
S 7049
S 7050
S 7051
S 7052
S 7053
S 7054
S 7055
S 7056
S 7057
S 7058
S 7059
S 7060
S 7061
S 7062
S 7063
S 7064
S 7065
S 7066
S 7067
S 7068
S 7069
S 7070
S 7071

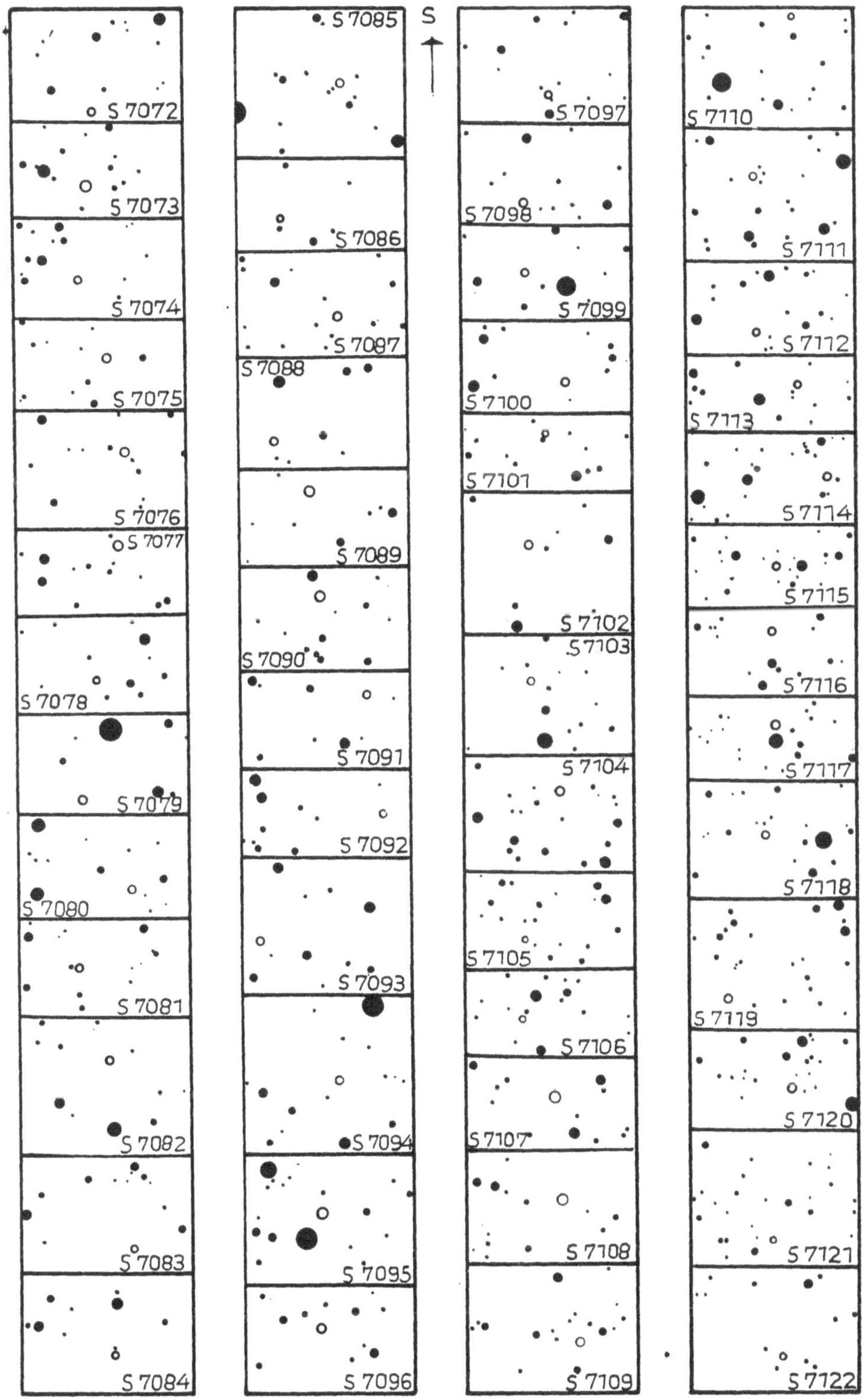
S
S 7072
S 7073
S 7074
S 7075
S 7076
S 7077
S 7078
S 7079
S 7080
S 7081
S 7082
S 7083
S 7084
S 7085
S 7086
S 7087
S 7088
S 7089
S 7090
S 7091
S 7092
S 7093
S 7094
S 7095
S 7096
S 7097
S 7098
S 7099
S 7100
S 7101
S 7102
S 7103
S 7104
S 7105
S 7106
S 7107
S 7108
S 7109
S 7110
S 7111
S 7112
S 7113
S 7114
S 7115
S 7116
S 7117
S 7118
S 7119
S 7120
S 7121
S 7122

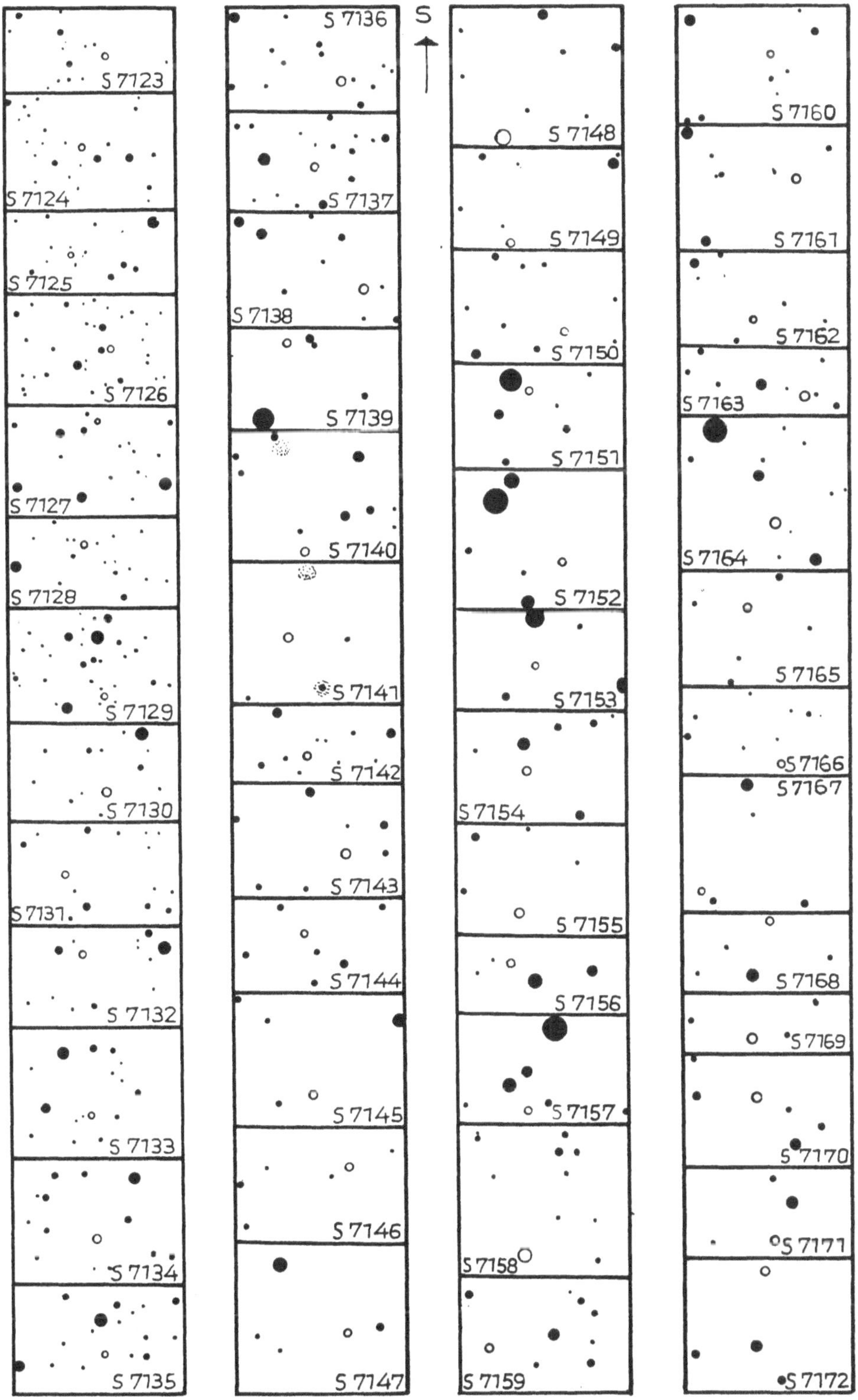
S 7123
S 7124
S 7125
S 7126
S 7127
S 7128
S 7129
S 7130
S 7131
S 7132
S 7133
S 7134
S 7135
S 7136
S 7137
S 7138
S 7139
S 7140
S 7141
S 7142
S 7143
S 7144
S 7145
S 7146
S 7147
S
S 7148
S 7149
S 7150
S 7151
S 7152
S 7153
S 7154
S 7155
S 7156
S 7157
S 7158
S 7159
S 7160
S 7161
S 7162
S 7163
S 7164
S 7165
S 7166
S 7167
S 7168
S 7169
S 7170
S 7171
S 7172

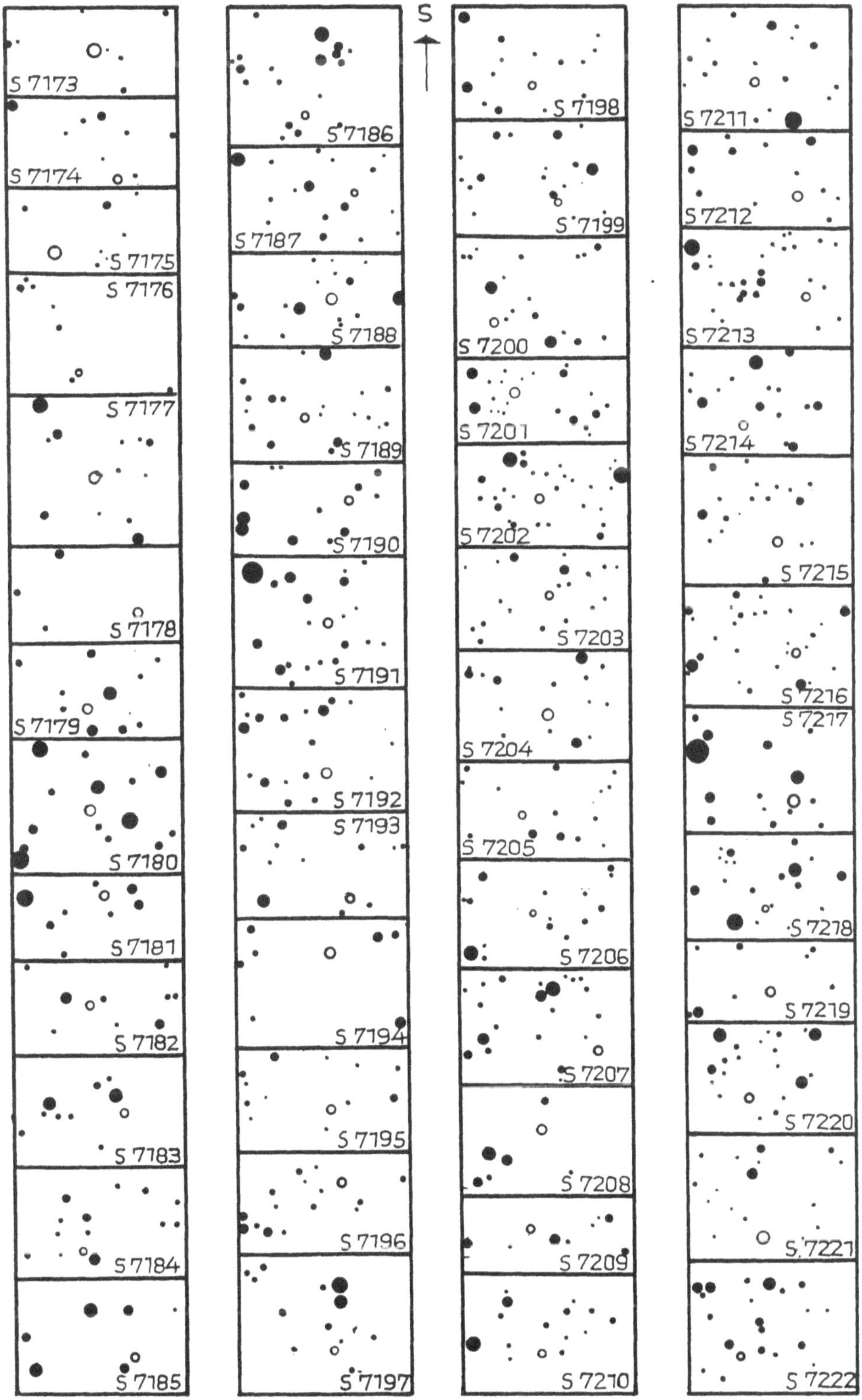
S
S 7173
S 7174
S 7175
S 7176
S 7177
S 7178
S 7179
S 7180
S 7181
S 7182
S 7183
S 7184
S 7185
S 7186
S 7187
S 7188
S 7189
S 7190
S 7191
S 7192
S 7193
S 7194
S 7195
S 7196
S 7197
S 7198
S 7199
S 7200
S 7201
S 7202
S 7203
S 7204
S 7205
S 7206
S 7207
S 7208
S 7209
S 7210
S 7211
S 7212
S 7213
S 7214
S 7215
S 7216
S 7217
S 7218
S 7219
S 7220
S 7221
S 7222

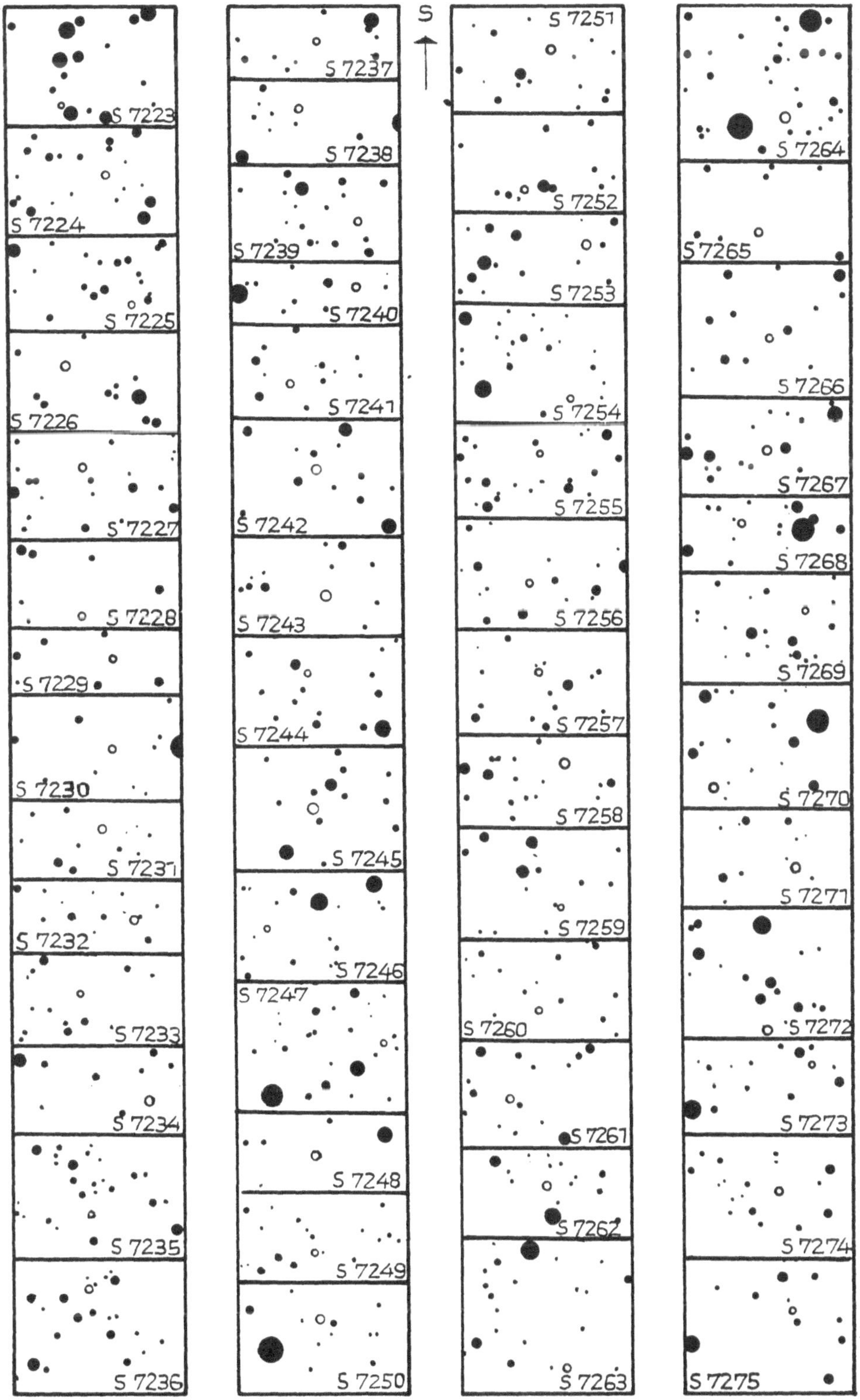
S
S 7223
S 7224
S 7225
S 7226
S 7227
S 7228
S 7229
S 7230
S 7231
S 7232
S 7233
S 7234
S 7235
S 7236
S 7237
S 7238
S 7239
S 7240
S 7241
S 7242
S 7243
S 7244
S 7245
S 7246
S 7247
S 7248
S 7249
S 7250
S 7251
S 7252
S 7253
S 7254
S 7255
S 7256
S 7257
S 7258
S 7259
S 7260
S 7261
S 7262
S 7263
S 7264
S 7265
S 7266
S 7267
S 7268
S 7269
S 7270
S 7271
S 7272
S 7273
S 7274
S 7275

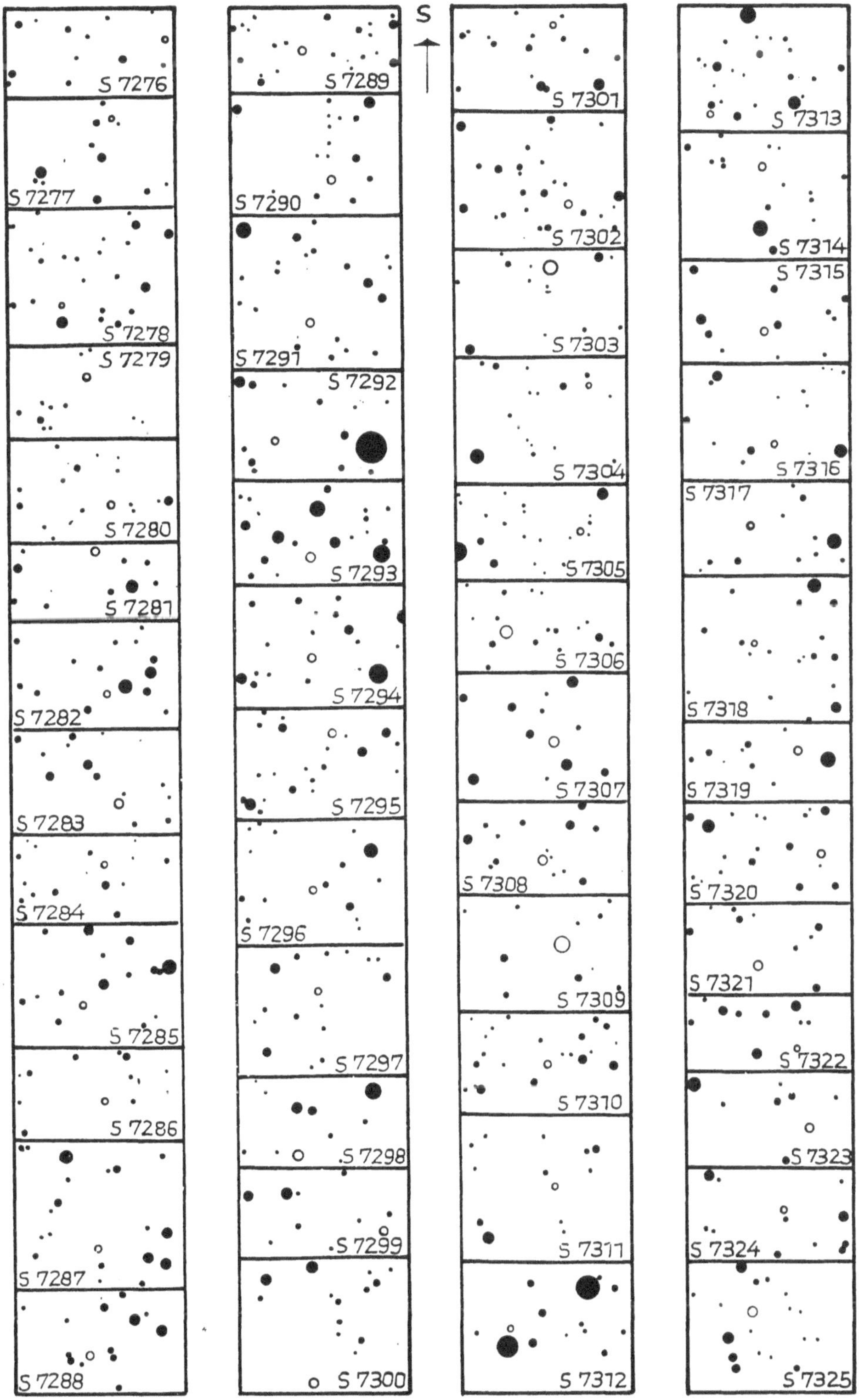
S
S 7276
S 7277
S 7278
S 7279
S 7280
S 7281
S 7282
S 7283
S 7284
S 7285
S 7286
S 7287
S 7288
S 7289
S 7290
S 7291
S 7292
S 7293
S 7294
S 7295
S 7296
S 7297
S 7298
S 7299
S 7300
S 7301
S 7302
S 7303
S 7304
S 7305
S 7306
S 7307
S 7308
S 7309
S 7310
S 7311
S 7312
S 7313
S 7314
S 7315
S 7316
S 7317
S 7318
S 7319
S 7320
S 7321
S 7322
S 7323
S 7324
S 7325

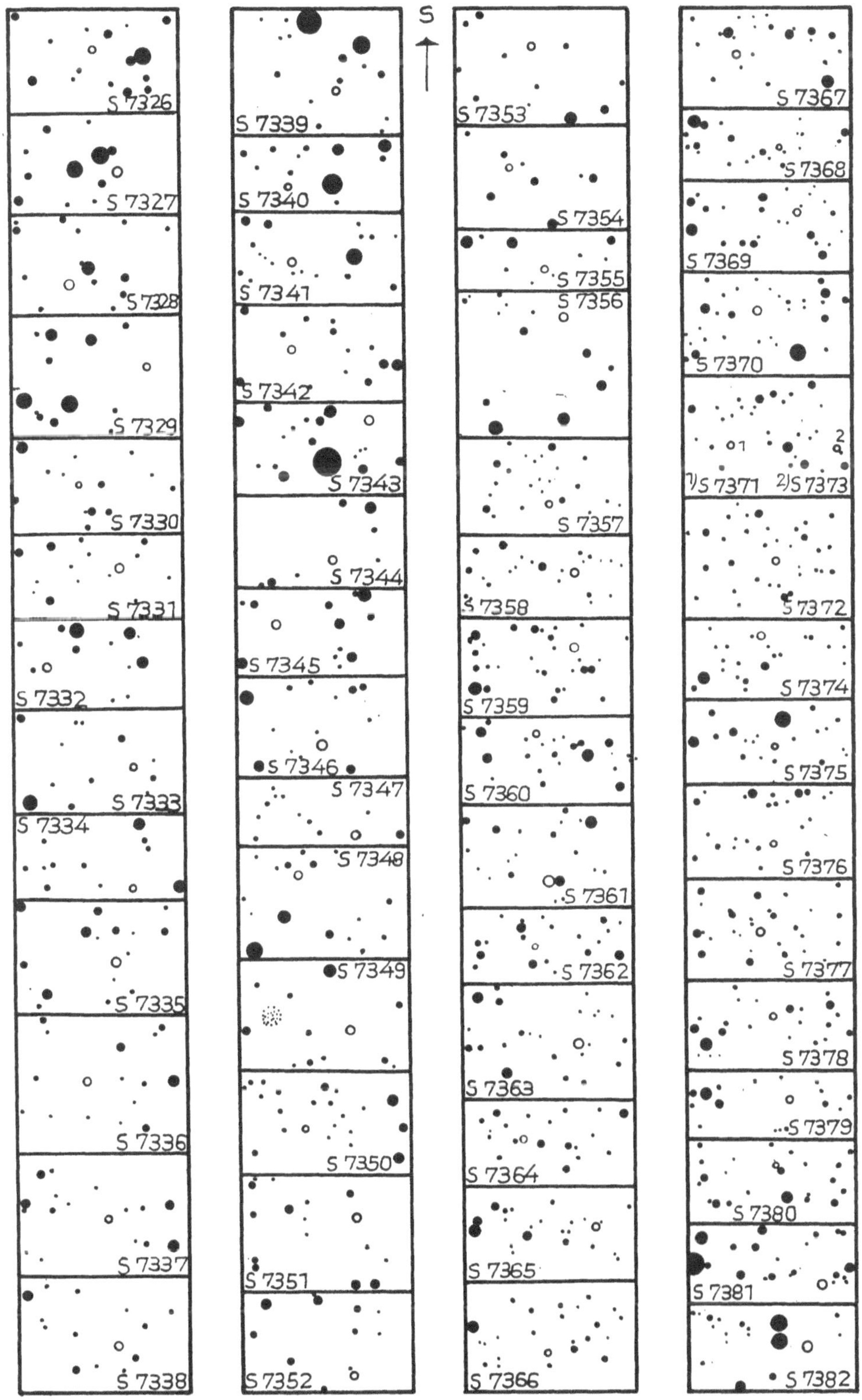
S
S 7326
S 7327
S 7328
S 7329
S 7330
S 7331
S 7332
S 7333
S 7334
S 7335
S 7336
S 7337
S 7338
S 7339
S 7340
S 7341
S 7342
S 7343
S 7344
S 7345
S 7346
S 7347
S 7348
S 7349
S 7350
S 7351
S 7352
S 7353
S 7354
S 7355
S 7356
S 7357
S 7358
S 7359
S 7360
S 7361
S 7362
S 7363
S 7364
S 7365
S 7366
S 7367
S 7368
S 7369
S 7370
1
2
1) S 7371
2) S 7373
S 7372
S 7374
S 7375
S 7376
S 7377
S 7378
S 7379
S 7380
S 7381
S 7382

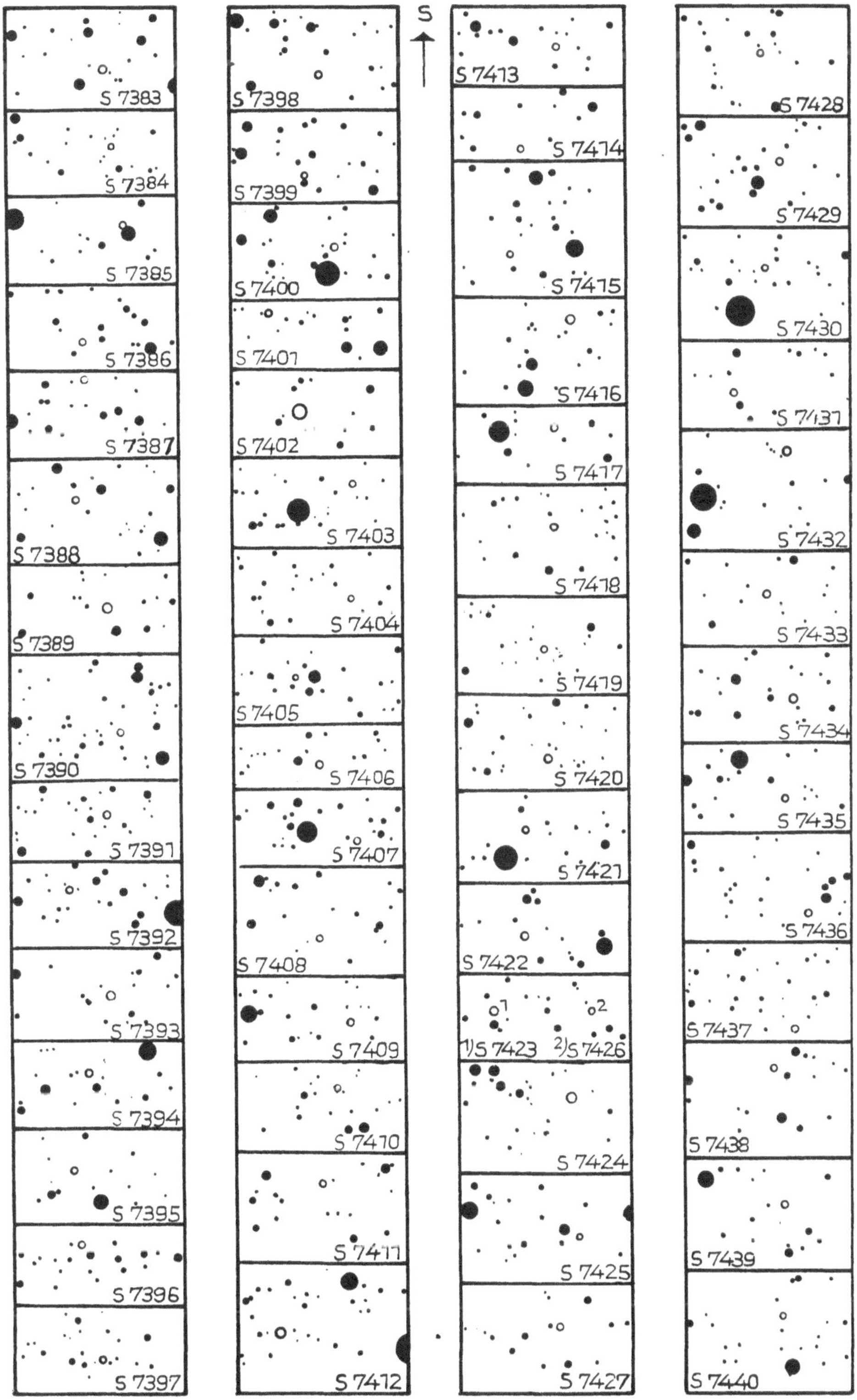
S
S 7383
S 7384
S 7385
S 7386
S 7387
S 7388
S 7389
S 7390
S 7391
S 7392
S 7393
S 7394
S 7395
S 7396
S 7397
S 7398
S 7399
S 7400
S 7401
S 7402
S 7403
S 7404
S 7405
S 7406
S 7407
S 7408
S 7409
S 7410
S 7411
S 7412
S 7413
S 7414
S 7415
S 7416
S 7417
S 7418
S 7419
S 7420
S 7421
S 7422
1) S 7423
2) S 7426
S 7424
S 7425
S 7427
S 7428
S 7429
S 7430
S 7431
S 7432
S 7433
S 7434
S 7435
S 7436
S 7437
S 7438
S 7439
S 7440

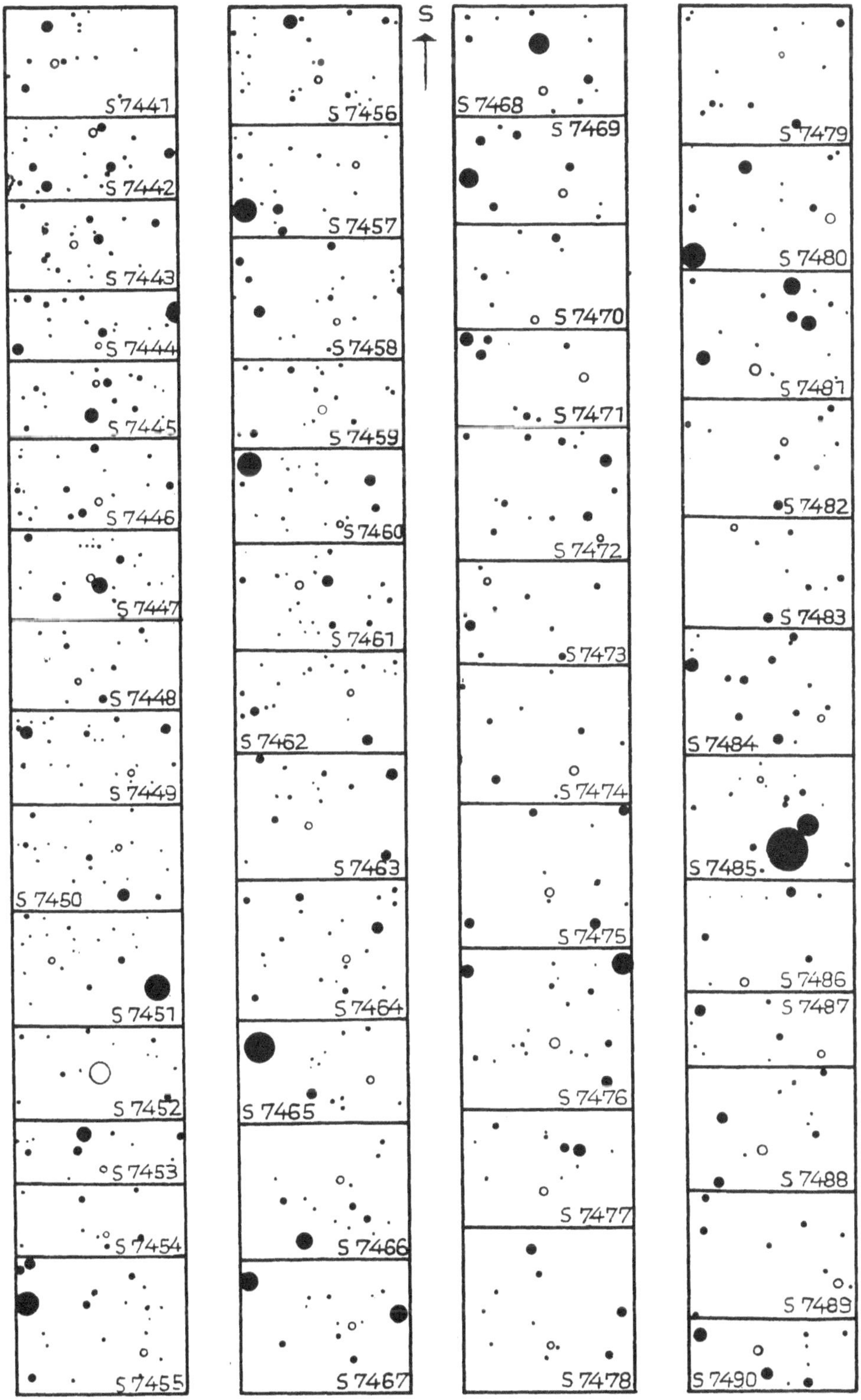
S
S 7441
S 7442
S 7443
S 7444
S 7445
S 7446
S 7447
S 7448
S 7449
S 7450
S 7451
S 7452
S 7453
S 7454
S 7455
S 7456
S 7457
S 7458
S 7459
S 7460
S 7461
S 7462
S 7463
S 7464
S 7465
S 7466
S 7467
S 7468
S 7469
S 7470
S 7471
S 7472
S 7473
S 7474
S 7475
S 7476
S 7477
S 7478
S 7479
S 7480
S 7481
S 7482
S 7483
S 7484
S 7485
S 7486
S 7487
S 7488
S 7489
S 7490

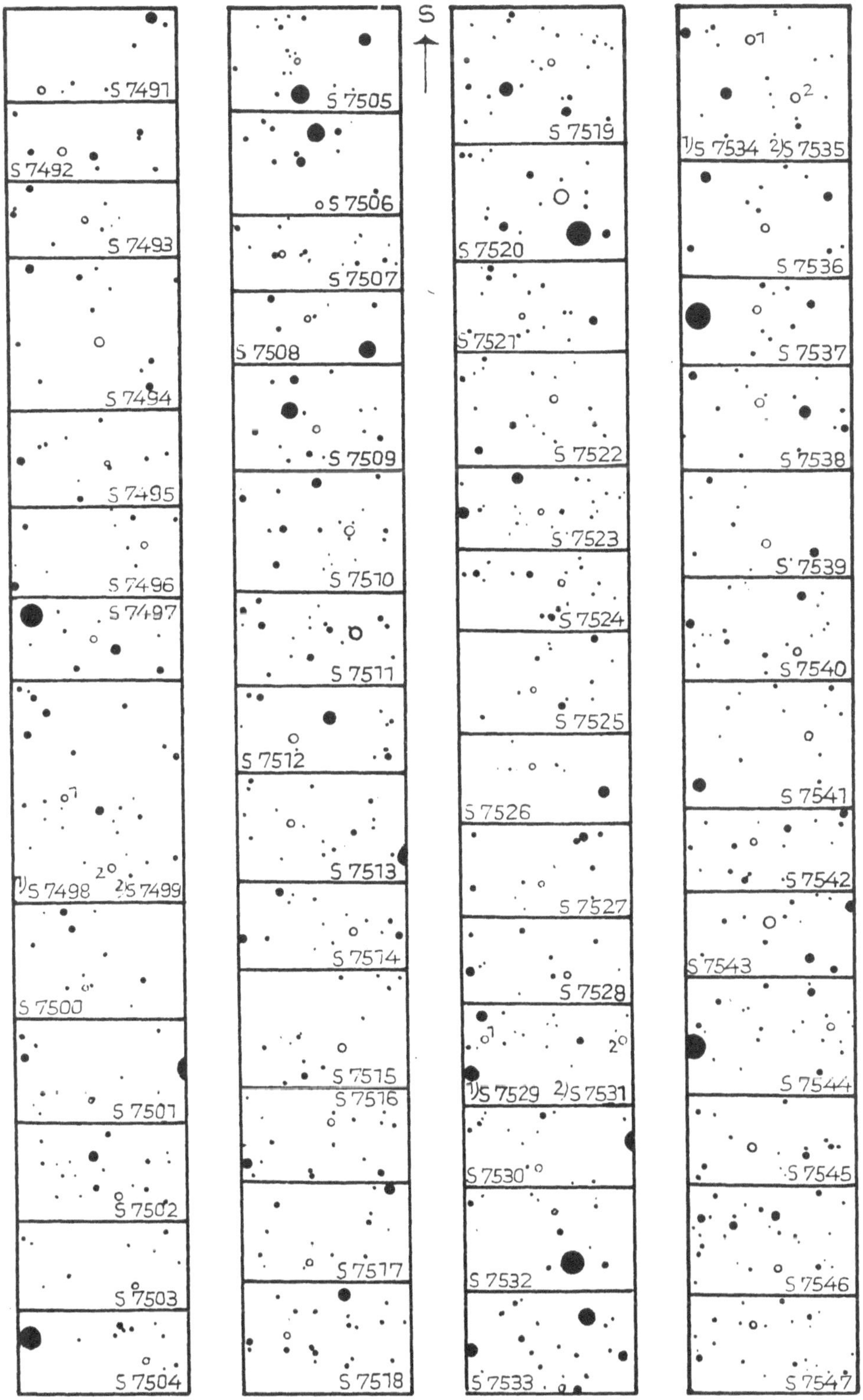
S
S 7491
S 7492
S 7493
S 7494
S 7495
S 7496
S 7497
1) S 7498 2) S 7499
S 7500
S 7501
S 7502
S 7503
S 7504
S 7505
S 7506
S 7507
S 7508
S 7509
S 7510
S 7511
S 7512
S 7513
S 7514
S 7515
S 7516
S 7517
S 7518
S 7519
S 7520
S 7521
S 7522
S 7523
S 7524
S 7525
S 7526
S 7527
S 7528
1) S 7529 2) S 7531
S 7530
S 7532
S 7533
1) S 7534 2) S 7535
S 7536
S 7537
S 7538
S 7539
S 7540
S 7541
S 7542
S 7543
S 7544
S 7545
S 7546
S 7547

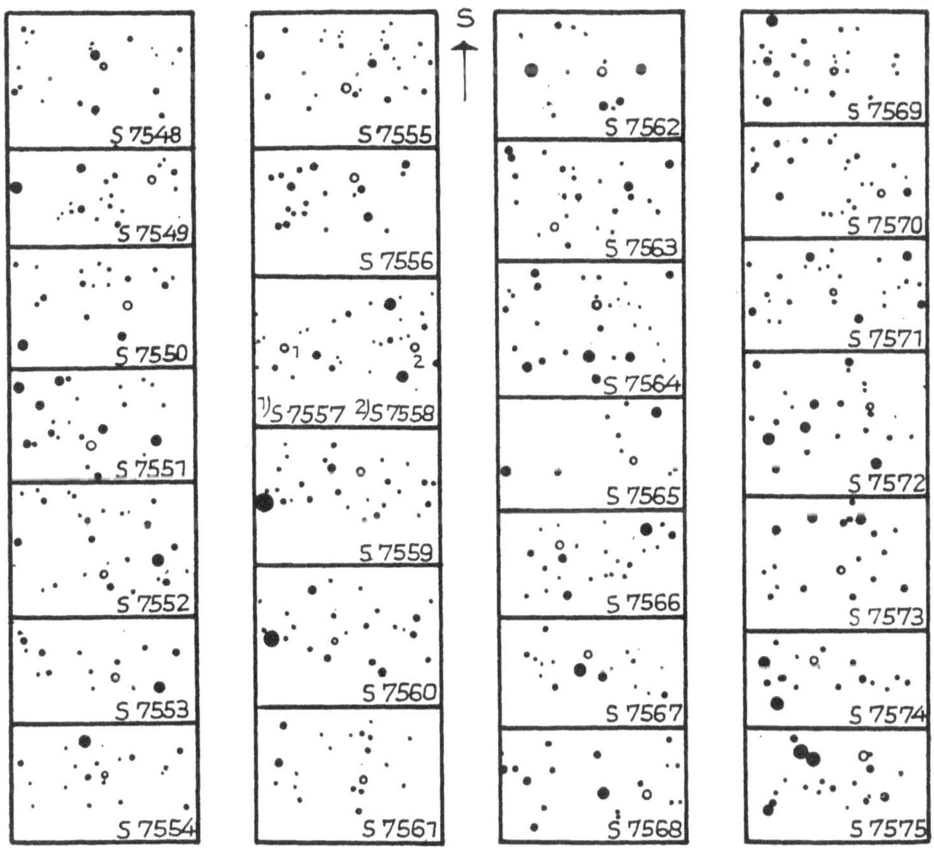
S
S 7548
S 7549
S 7550
S 7551
S 7552
S 7553
S 7554
S 7555
S 7556
1
2
1)S 7557 2)S 7558
S 7559
S 7560
S 7561
S 7562
S 7563
S 7564
S 7565
S 7566
S 7567
S 7568
S 7569
S 7570
S 7571
S 7572
S 7573
S 7574
S 7575

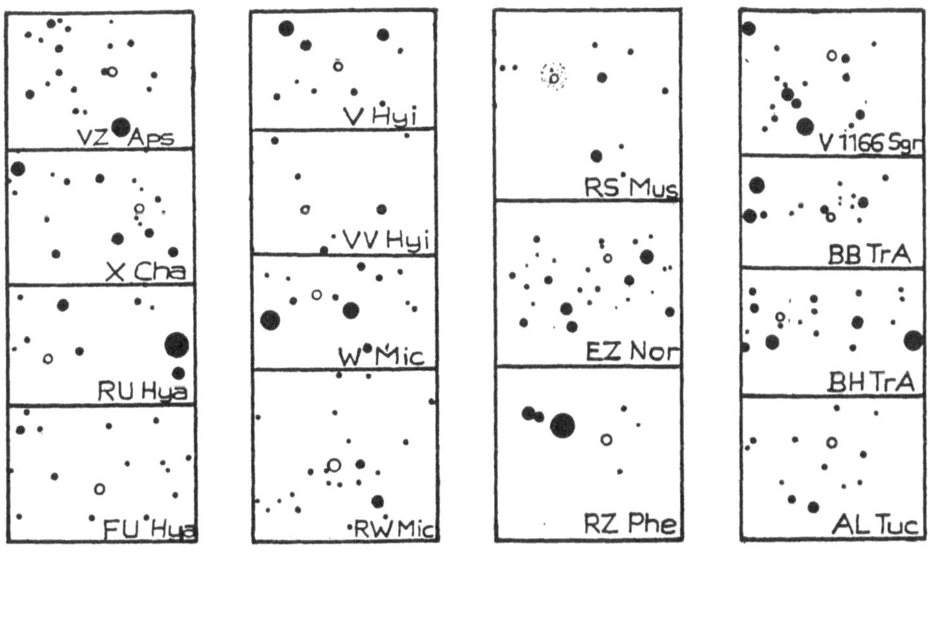
VZ Aps
X Cha
RU Hya
FU Hya
V Hyi
VV Hyi
W Mic
RW Mic
RS Mus
EZ Nor
RZ Phe
V 1166 Sgr
BB TrA
BH TrA
AL Tuc

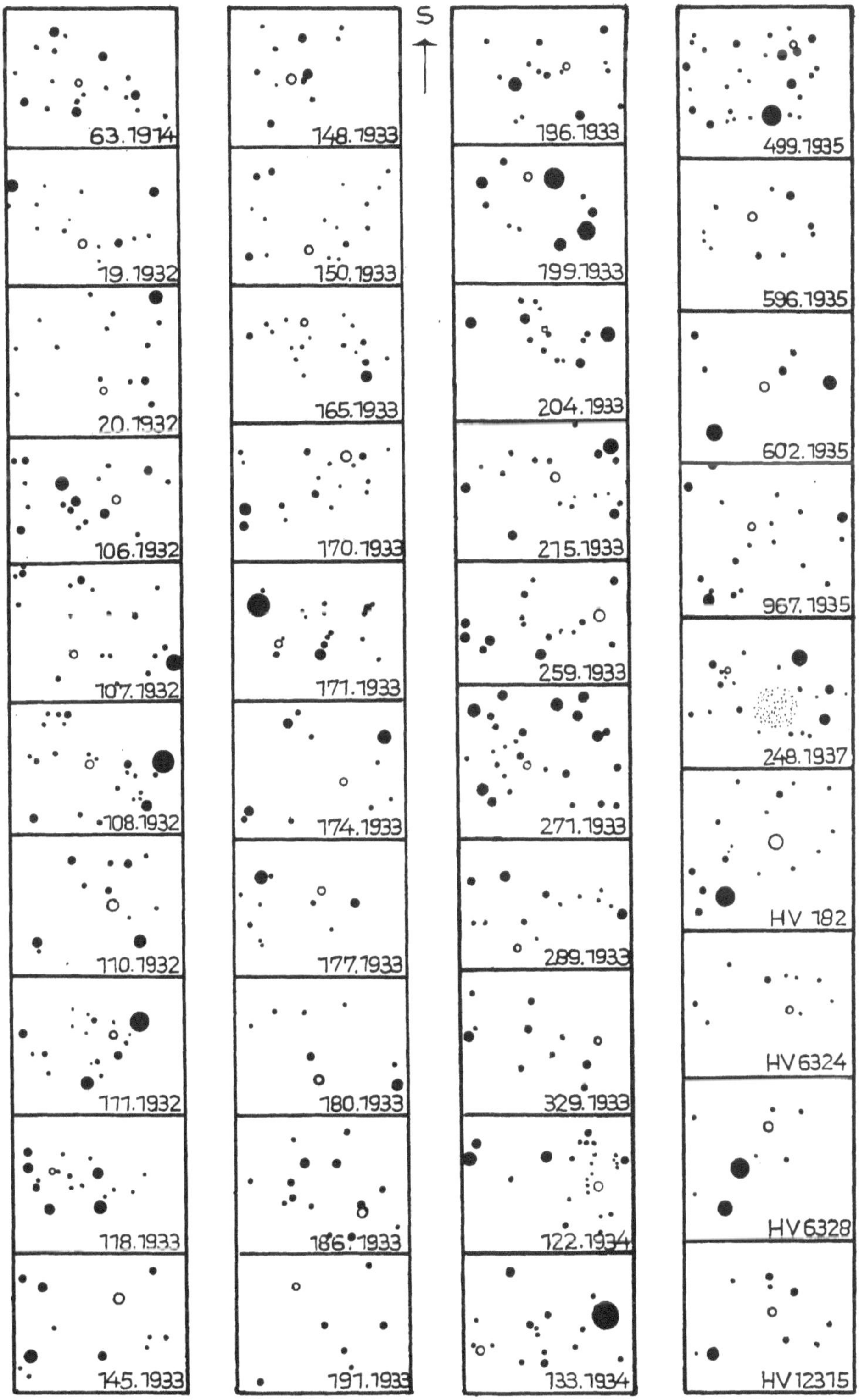
S
63.1914
19.1932
20.1932
106.1932
107.1932
108.1932
110.1932
111.1932
118.1933
145.1933
148.1933
150.1933
165.1933
170.1933
171.1933
174.1933
177.1933
180.1933
186.1933
191.1933
196.1933
199.1933
204.1933
215.1933
259.1933
271.1933
289.1933
329.1933
122.1934
133.1934
499.1935
596.1935
602.1935
967.1935
248.1937
HV 182
HV 6324
HV 6328
HV 12315

FSC
www.fsc.org
MIX
Papier | Fördert gute Waldnutzung
FSC® C083411

Zeitfracht Medien GmbH
Ferdinand-Jühlke-Straße 7
99095 Erfurt, Deutschland
produktsicherheit@kolibri360.de